红外热成像测量中的
误差与不确定度

Infrared Thermography: Error and Uncertainties

[波] Waldemar Minkina 著
[波] Sebastian Dudzik

陈世国　莫冬腊　史径丞　译

国防工业出版社

·北京·

著作权合同登记　图字：军-2015-029 号

图书在版编目（CIP）数据

红外热成像测量中的误差与不确定度/（波）瓦尔德马尔·明基纳，（波）塞巴斯蒂安·科德著；陈世国，莫冬腊，史径丞译. —北京：国防工业出版社，2021.1

ISBN 978-7-118-12231-2

Ⅰ. ①红… Ⅱ. ①瓦… ②塞… ③陈… ④莫… ⑤史… Ⅲ. ①红外成象系统－测量误差 ②红外成象系统－测量－不确定度 Ⅳ. ①TN216

中国版本图书馆 CIP 数据核字（2020）第 272540 号

Infrared Thermography: Error and Uncertainties
ISBN 978-0-470-74718-6
Copyright©2009 John Wiley & Sons, Ltd.
All Rights Reserved. Authorised translation from the English language edition published by John Wiley & Sons Limited. Responsibility for the accuracy of the translation rests solely with National Defense Industry Press and is not the responsibility of John Wiley & Sons Limited. No part of this book may be reproduced in any form without the written permission of the original copyright holder, John Wiley & Sons Limited.

※

国防工业出版社出版发行
（北京市海淀区紫竹院南路 23 号　邮政编码 100048）
三河市德鑫印刷有限公司印刷
新华书店经售

＊

开本 710×1000　1/16　印张 12　字数 224 千字
2021 年 1 月第 1 版第 1 次印刷　印数 1—2000 册　定价 98.00 元

（本书如有印装错误，我社负责调换）

国防书店：（010）88540777　　书店传真：（010）88540776
发行业务：（010）88540717　　发行传真：（010）88540762

前　言

在与红外系统用户的交流中，我们经常会被问到："你如何估计红外热成像测量的准确度？或者使用红外热像仪测量数据的准确性如何？如在使用有限差分法（FDM）、有限元法（FEM）或边界元法（BEM）分析选定目标的温度场时（Özisik，1994；Minkina，1994；Minkina，1995；Minkina，2004；Astarita，2000；Hutton，2003）。"

回答清楚上述问题并非易事，所以我们决定写这本书，旨在进行深入探讨。值得强调的是，这个问题在已有的文献中尚未得到完全解决，无论是物理学家、建筑师、机械工程师、电力工程师还是计算机科学家，都是局限于自身所从事学科专业从各自的角度进行描述。本书则按照发表在《测量不确定度表示指南》（1995版，2004版）中的国际建议对该问题进行了全面系统地阐述，这种方式尚属首次。这也是对Minkina在2004年发表的专著中第10章内容的扩展和补充。

本书同时也旨在阐述解释温度测量以及商用红外系统计量评估中的许多误解。

第一个误解是对噪声等效温差（NETD）参数的错误解释，它作为表征热灵敏度的参数出现在相机参数目录中，但有时被理解为与红外热成像测量精度有关的参数。事实上，NETD更多的是出于市场营销的目的，并不能说明测量的实际误差。该参数只对热成像图的质量有影响，因为它保证了从探测器阵列的特定探测器上输出的信号具有更好的一致性。实践中，它只能给出在相机到目标的距离较短且没有外部干扰辐射源存在的理想测量条件下，由探测器像素阵列（矩阵）的同一像素测得的具有均匀发射率的特定区域两点之间的温差误差信号。当存储在相机微控制器内存中的测量模型程序在模型参数（ε_{ob}、T_{atm}、T_o、ω、d）以零误差输入的条件下被执行时，就会发生这种情况。当然，现实中很难进行这样的测量。

第二个误解是对目录中另一个参数的错误解释：热成像测量的精度。首先，这种精度与阵列探测器的标定质量有关（Minkina 2004）。标定越好（即各个单元探测器的静态特性越精确地呈现为同一曲线分布状态），则测量误差越小。其次，相机厂家的标定也会影响测量精度。标定过程中确定的测量路径静态特性参数（R、B、F）明显带有误差。因此，如果在一个产品目录中，该误差值是±2℃或±2%，那么意味着在给定的测量范围内应取两者中的较大值。例如，对于0~100℃的测量范围，应取±2℃；而对于100~500℃的测量范围，应取±2%。如前所述，误差值是在理想测量条件下获得的，即在相机微控制器存储适当的测量模型以及模型输入参数的误差为零。在实际情况下（如较长的拍摄距离或存在外部辐射干扰目标辐射），误差可能会增加很多倍。在极其恶劣的大气条件下，根本不可能进行非接触测温。

使用解析法对热成像测量进行不确定度分析是非常困难的，因为这涉及测量模型的复杂形式（Dudzik，2005；Minkina，2004）。因此，本书提出的不确定性分析处理算法，采用的是国际计量局（BIPM）第一工作组推荐的分布传播的数值方法。该方法能够对相关和不相关的模型输入变量进行不确定度分析，从而可以定量评估各个因素对红外相机温度测量扩展不确定度的影响。

从术语的角度来看，这可以用不同的概念来解释。文献中除了"热视觉"外，还经常使用"热成像"一词。由于测量通常是计算机化的，所以也使用"计算机辅助热成像"一词。"热成像"可以理解为一种较老的技术（例如，用热成像仪在热敏纸上记录热像图像）。该方法首先获取图像，然后进行观测。此外，使用"热成像"意味着我们描述的是图形系统而不是视觉系统。在英语文献中，经常使用"计算机辅助热成像"。现代热成像系统称为红外相机，有时也称为热像仪。因此，"热成像"和"热视觉"这两个术语似乎可以通用；然而，在本书中，首选"热成像"。

本书共分为6章。第1章向读者介绍误差与不确定度理论。第2章讨论了红外热成像测量的基本问题，如辐射传热的基本定律和发射率等。第3章以FLIR公司的Therma CAM PM 595 LW红外相机为例，介绍了测量路径的典型处理算法以及温度测量的通用模型。需要强调的是，对于其他类型的红外相机和制造商来说，这些研究结果和结论非常相似。第4章讨论了利用经典方法对红外系统进行测量误差分析的问题。在第5章中，描述了利用分布传播的数值方法对红外热像测量不确定度的仿真研究结果。第6章对全书做了总结。

Waldemar Minkina，Sebastian Dudzik
波兰琴斯托霍瓦，2009年

目 录

第1章　误差与不确定度的基础理论 ································· 1
　1.1　系统误差与随机误差 ··· 1
　1.2　间接测量的不确定度 ··· 3
　1.3　分布的传播方法 ··· 7

第2章　红外热成像测量基础 ······································· 14
　2.1　引言 ·· 14
　2.2　辐射传热的基本定律 ·· 14
　2.3　发射率 ·· 19
　　2.3.1　基本概念 ·· 19
　　2.3.2　发射率评估方法 ·· 22
　　2.3.3　发射率评估及其对测温的影响案例 ························ 23
　2.4　红外测量相机 ·· 27
　　2.4.1　噪声等效温差 ·· 30
　　2.4.2　视场 ·· 33
　　2.4.3　瞬时视场 ·· 33

第3章　红外相机测量路径处理算法 ································· 38
　3.1　红外相机测量路径中的信息处理 ······························ 38
　　3.1.1　红外探测器 ·· 38
　　3.1.2　红外探测器的计量参数 ·································· 42
　　3.1.3　相机测量算法的信号处理 ································ 44
　3.2　红外相机测量的数学模型 ···································· 47

第4章　红外热成像测量误差 ······································· 56
　4.1　引言 ·· 56
　4.2　红外热成像测量系统相互作用 ································ 56
　4.3　系统相互作用的模拟 ·· 61
　　4.3.1　发射率设置误差对测温误差的影响 ························ 62
　　4.3.2　环境温度设置误差对测温误差的影响 ······················ 66

4.3.3 大气温度设置误差对测温误差的影响 …………………… 68
4.3.4 物像距离设置误差对测温误差的影响 …………………… 70
4.3.5 相对湿度设置误差对测温误差的影响 …………………… 72
4.3.6 小结 ……………………………………………………… 73

第5章 红外热成像测量不确定度 …………………………………… 75
5.1 引言 ……………………………………………………………… 75
5.2 仿真实验方法 …………………………………………………… 75
5.2.1 输入变量分布参数的评估 ………………………………… 76
5.2.2 输入变量实现序列的生成 ………………………………… 78
5.2.3 不相关的输入变量 ………………………………………… 78
5.2.4 相关的输入变量 …………………………………………… 82
5.3 不相关输入变量的合成标准不确定度分量 …………………… 87
5.3.1 与物体发射率相关的合成标准不确定度分量 …………… 88
5.3.2 与环境温度相关的合成标准不确定度分量 ……………… 90
5.3.3 与大气温度相关的合成标准不确定度分量 ……………… 92
5.3.4 与大气相对湿度相关的合成标准不确定度分量 ………… 94
5.3.5 与物像距离相关的合成标准不确定度分量 ……………… 96
5.4 相关输入变量的合成标准不确定度仿真 ……………………… 98
5.4.1 引言 ……………………………………………………… 98
5.4.2 红外相机模型和大气传输模型中各输入变量之间的相关性 …………………………………………………………… 99
5.4.3 结论 ……………………………………………………… 112
5.5 不相关输入变量的合成标准不确定度仿真 …………………… 115
5.5.1 引言 ……………………………………………………… 115
5.5.2 合成标准不确定度的模拟 ………………………………… 115
5.5.3 结论 ……………………………………………………… 123

第6章 总结 …………………………………………………………… 126

附录A MATLAB 脚本和函数 ……………………………………… 128
A.1 代码排版 ………………………………………………………… 128
A.2 使用本软件计算红外热成像测量合成标准不确定度分量的程序 ……………………………………………………………… 129
A.3 使用本软件计算红外热成像测量的置信区间和合成标准不确定度的程序 ……………………………………………………… 129
A.4 使用本软件模拟红外相机测量模型输入变量之间互相关性的程序 ……………………………………………………………… 130

  A.5 MATLAB 源代码（脚本） …………………………………………… 130
  A.6 MATLAB 源代码（函数） …………………………………………… 156
  A.7 MATLAB 程序示例 …………………………………………………… 166
    A.7.1 物体温度合成标准不确定度的计算 ………………………… 166
    A.7.2 物体温度合成标准不确定度和95%置信区间的计算 …… 168
    A.7.3 相对合成标准不确定度与选定的输入随机变量相关
       系数的仿真 ……………………………………………………… 169
附录 B 各种材料法向发射率 …………………………………………………… 171
参考文献 ………………………………………………………………………………… 178

第1章　误差与不确定度的基础理论

1.1　系统误差与随机误差

随着现代测试系统复杂性的增长，评估测试精度的方法也在不断演变。一方面，这是测量模型日益复杂的必然结果：输入变量的增加和输入–输出之间依赖关系的复杂性，导致传统的分析描述方法很难适用于复杂测试系统的测量精度估计。另一方面，技术进步使人们能够更好地了解现实情况，其中包括改变计量单位的定义，这些单位是每个公制单位的基础。例如，"米"的定义在过去两个世纪是如何演变的。

1793 年：米是赤道到地球北极之间距离的 1/10000000（即地球周长等于 4000×10^4m）。

1899 年：米是在 0℃ 时测量国际米标准原型上表面雕刻的两条线之间的距离。米标准原型由一根长度为 102cm 的铂铱棒制成，横截面为 H 形。

1960 年：米等于氪–86 同位素橙红色辐射的 1650763.73 个波长。

1983 年：米是光在真空中 1/299792458s 的时间间隔内行程的长度。

为了评价测量精度，有必要定义误差与不确定度的基本理论概念。下面给出单个定量测量值测量误差的定义。

测量的绝对误差是测量值 $\hat{y}$ 和实际值 y 之间的差值：

$$\Delta y = \hat{y} - y \tag{1.1}$$

测量的相对误差是绝对误差与实际值之比：

$$\delta y = \frac{\Delta y}{y} = \frac{\hat{y} - y}{y} \tag{1.2}$$

实践中，式（1.1）中未知的实际值 y 被真实的约定真值代替。由于绝对误差的精确值是未知的，因此评估实际值所在的范围是非常重要的。这样的推理引出了极限误差的定义。

极限误差是测量值 $\hat{y}$ 周围包含实际值 y 的最小范围：

$$\hat{y} - \Delta y_{\min} \geqslant y \geqslant \hat{y} + \Delta y_{\max} \tag{1.3}$$

在分析可重复性实验出现的测量误差时，将测量误差分为系统误差和随机误差。对相同数量的重复测量结果的研究发现，误差的一个分量不改变其符号或值，或遵循某种特定的规律（函数）随参考条件的变化而变化。该误差分量称为系统误差或系统偏差，其定义为：系统误差（偏差）是在相同条件下对一个量进行无限次测量所计算出的平均值与其实际值之间的差值。

误差的第二个组成部分通常称为随机误差。它可以通过重复测量来减少。根据 VIM，随机误差被定义为一个量的单次测量结果与相同条件下无限次测量结果的平均值之差。

上述测量误差的定义是指单个测量结果。当一个测量模型以输入量函数的形式给出时，称为间接测量。间接测量的误差是根据误差传播定律确定的。根据这一定律，在已知输入量误差的基础上就能确定输出量误差，可以采用两种方法之一：将泰勒级数中的模型函数展开到一阶项（全微分法）；增量法（精确方法）。

增量法包括对已知输入量的增量（即绝对误差）确定测量模型函数的增量。下面考虑一个由多个变量组成的函数形式的测量模型：

$$y = f(x_1, x_2, \cdots, x_n) \tag{1.4}$$

式中：$x_1, x_2, \cdots, x_n$ 为输入；y 为测量结果。

也可将 $\Delta x_1, \Delta x_2, \cdots, \Delta x_n$ 作为输入的绝对误差（函数 f 自变量的增量），则可以将函数的增量写为

$$\Delta y = y + \Delta y - y \tag{1.5}$$

式（1.5）右边的前两个分量可以表示为

$$y + \Delta y = f(x_1 + \Delta x_1, x_2 + \Delta x_2, \cdots, x_n + \Delta x_n) \tag{1.6}$$

最终可得

$$\Delta y = f(x_1 + \Delta x_1, x_2 + \Delta x_2, \cdots, x_n + \Delta x_n) - f(x_1, x_2, \cdots, x_n) \tag{1.7}$$

由式（1.7）可知，y 的相对误差为

$$\delta y = \frac{f(x_1 + \Delta x_1, x_2 + \Delta x_2, \cdots, x_n + \Delta x_n) - f(x_1, x_2, \cdots, x_n)}{f(x_1, x_2, \cdots, x_n)} \tag{1.8}$$

本章采用上述方法对第 4 章红外热像仪的方法误差进行了计算机仿真。

然而，对于复杂的测量模型，采用式（1.7）和式（1.8）的方法对误差进行评价是非常繁琐的。因此，通常采用一种近似的方法——全微分法来估计误差。

全微分法（近似方法）是基于函数 $f(x_1, x_2, \cdots, x_n)$ 围绕输入的实际值（约定真值）所定义的点以泰勒级数展开的。假设式（1.4）是连续的，为简单起见，假设仅输入 x_1 有误差 Δx_1，则泰勒级数的展开形式为

$$f(x_1 + \Delta x_1, x_2, \cdots, x_n) = f(x_1, x_2, \cdots, x_n) + \frac{\Delta x_1}{1!} f'(x_1, x_2, \cdots, x_n) +$$

$$\frac{(\Delta x_1)^2}{2!}f''(x_1,x_2,\cdots,x_n) + \frac{(\Delta x_1)^3}{3!}f'''(x_1,x_2,\cdots,x_n) + \cdots \quad (1.9)$$

在上面的展开式中，假设1阶以上的高阶项对结果的影响很小，可直接忽略。由式（1.6），可得

$$\Delta y_1 = \Delta x_1 \cdot f'(x_1,x_2,\cdots,x_n) = \Delta x_1 \cdot \frac{\partial y}{\partial x_1} \quad (1.10)$$

式中：Δy_1 为关于 x_1 的输出误差分量；在点 $(x_1,x_2,\cdots,x_n)$ 处求得的偏导数 $\partial y/\partial x_1$ 称为输入 x_1 的灵敏系数（或传播系数）。

如果考虑所有输入变量 $x_1,x_2,\cdots,x_n$ 的误差，那么间接测量的总误差可表示为单一输入变量的输出误差之和，即

$$\Delta y = \sum_{i=1}^{n} \Delta x_i \frac{\partial y}{\partial x_i} \quad (1.11)$$

式中：$\partial y/\partial x_i$ 为关于点 $(x_1,x_2,\cdots,x_n)$ 的偏导数。

由于式（1.11）中所有输入变量 $x_1,x_2,\cdots,x_n$ 的增量都用相同方向的符号表示，因此总误差是被高估的。在实际测量中，所有的输入变量同时为正（或负）误差的可能性很小，并且随着输入变量数量的增加而降低。因此，在实际应用中，对间接测量绝对误差用一种更现实的方法进行估计，即均方误差：

$$\Delta y = \sqrt{\left(\Delta x_1 \frac{\partial y}{\partial x_1}\right)^2 + \left(\Delta x_2 \frac{\partial y}{\partial x_2}\right)^2 + \cdots + \left(\Delta x_n \frac{\partial y}{\partial x_n}\right)^2} \quad (1.12)$$

从红外系统测温的角度看，误差分析只适用于参考条件得到严格定义的情形。当然，这种误差分析方法还有助于在没有关于这些参考条件信息的情况下合理估计测量精度。此外，误差分析另一个目的是比较当代红外相机中使用的各种测量模型。在热成像用于验证数值模型时（例如，有限元方法（FEM）计算中使用不同点的测量温度），误差分析可作为灵敏度研究的切入点。

1.2 间接测量的不确定度

在精确的比较测量（如标准测量）中，必须以假定概率分布随机变量的形式来描述参考条件。在这种情况下，使用测量不确定度的概念更为方便。一般来说，测量不确定度表征了对测量结果的怀疑。因此，不确定度并不取决于任何具体的定量测量方法，它只表示对被测量缺乏准确的认识。因此，测量结果总是对被测量的估计。更具体地说，测量不确定度是这样定义的：测量不确定度是一个参数，它表征测量值的分布，且能够以一种合理的方式分配给被测

量值。

然而，上面的定义并没有说明如何分配。因此，为了精确地描述测量精度，引入标准不确定度的定义作为测量值分散度的定量度量：测量的标准不确定度是用标准差表示的测量值的不确定度。

为了估计测量的定量精度，引入了以随机变量形式表示的测量模型输入的描述。这些变量以特定的概率分布函数为特征。在估计测量精度时，随机变量最重要的统计量是期望值和标准差。

离散随机变量 X 的期望值为 $E(X)$，表示该变量的值 x_i 出现的概率为 p_i，则

$$E(X) = \sum p_i x_i \tag{1.13}$$

式中：期望值 $E(X)$ 就是对变量 X 的所有可能值 x_i 进行求和。

在实际中，测量值 x_i 是一个有限的 N 元集合。因此，期望值被它的估计值——N 个独立观测值的算术平均值所代替，即

$$\bar{x} = \frac{1}{n}\sum_{i=1}^{n} x_i \tag{1.14}$$

随机变量的标准差 $\sigma(X)$ 是方差的正平方根，有

$$\sigma(X) = \sqrt{E[X - E(X)]^2} \tag{1.15}$$

在实际中，通常使用标准差的估计值，即实验标准差。它由 N 个独立观测值 x_i 计算得到：

$$s(x_i) = \sqrt{\frac{1}{N-1}\sum(x_i - \bar{x})^2} \tag{1.16}$$

根据推荐标准 INC-1（1980），测量不确定度的组成可分为如下两类。

(1) A 类标准不确定度：基于观测到的频率分布确定。
(2) B 类标准不确定度：基于先验假设的频率分布确定。

例 1.1 从一系列测量中估计概率密度函数的参数——A 类标准不确定度

本例模拟了在重复条件下多次测量 X 的实验，并且在对实测结果进行仿真的基础上，进行了不确定度分析。假设被测序列服从高斯分布（这种分布根据直方图的形状确定），对概率密度函数的参数进行估计。数值计算结果，如图 1.1（a）所示，实线表示通过估计参数得到的概率密度函数。为了评估标准不确定度，分别使用算术平均值（式（1.14））和实验标准差（式（1.16））作为期望值和标准不确定度的最佳估计值。因此，可以使用 MATLAB 的 mean() 函数和 std() 函数确定这些基本的统计分布信息。这个实验说明了如何评估 A 类标准不确定度。

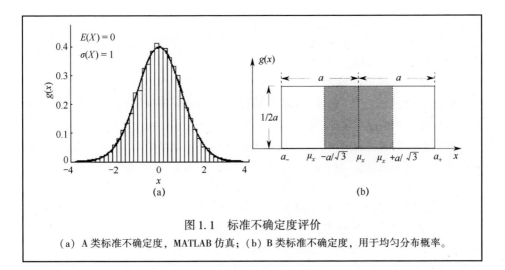

图 1.1 标准不确定度评价

（a）A 类标准不确定度，MATLAB 仿真；（b）B 类标准不确定度，用于均匀分布概率。

例 1.2 由均匀分布密度函数的参数评价 B 类标准不确定度

图 1.1（b）所示为在假设变量 X 为均匀概率分布的条件下如何确定 B 类标准不确定度，概率分布密度函数为

$$g(x) = 1/2a \quad (a_- \leq x \leq a_+)$$
$$g(x) = 0 \quad (x \text{ 为其他值}) \tag{1.17}$$

本例中，为了确定 B 类标准不确定度，使用了测量值的容许区间的概念。均匀分布的假设是最坏的情况，其标准不确定度为 $a/\sqrt{3}$，其中 a 为区间长度的 1/2。

在实际应用中，经常会出现复杂分析模型输入的单个标准不确定度如何影响间接测量精度（即测量不确定度评估）的问题。在这种情况下，有必要对合成的标准不确定度进行评估。根据模型输入是否相关，决定合成不确定度的定义中是否出现协方差因子。在输入变量不相关的情况下，根据 VIM（1993）定义合成标准不确定度：合成标准不确定度 $u_c(y)$ 为合成方差 $u_c^2(y)$ 的正平方根，定义为

$$u_c^2(y) = \sum_{i=1}^{N} \left(\frac{\partial f}{\partial x_i}\right)^2 u^2(x_i) \tag{1.18}$$

式中：$y = f(x_1, x_2, \cdots, x_n)$ 为测量模型函数（式（1.4））；$u^2(x_i)$ 为测量模型函数第 i 个输入变量的方差。

在输入变量相关的情况下，描述不确定度的表达式更为复杂，因为它包含了输入协方差的估计。测量值 y 的合成不确定度由下式确定：

$$u_c^2(y) = \sum \left(\frac{\partial f}{\partial x_i}\right)^2 u^2(x_i) + 2 \sum_{i=1}^{n-1} \sum_{j=i+1}^{n} \frac{\partial f}{\partial x_i} \frac{\partial f}{\partial x_j} u(x_i, x_j) \tag{1.19}$$

式中：$u(x_i,x_j)$ 为 x_i 和 x_j 之间协方差的估计。

由于在间接测量不确定度的评定中，认为模型的输入是随机变量，因此所确定的估计量（期望值、标准差）也是随机变量。这就是为什么需要使用概率的概念来定义确定的参数。下面讨论这些概念。

单边置信区间定义如下：如果 T 是观测值的函数，使得对于总体 θ 的估计参数，存在概率 $\Pr(T \geq \theta)$ 或 $\Pr(T \leq \theta)$ 至少等于 $(1-\alpha)$（其中 $(1-\alpha)$ 是一个固定的正数，且小于1），则从 θ 可能的最小值到 T 的区间（或者从 T 到 θ 可能的最大值的区间）为 θ 的具有置信水平 $(1-\alpha)$ 的单边置信区间。

置信水平 $(1-\alpha)$ 为与置信区间或统计覆盖区间相关的概率值。

合成标准不确定度的估计通常与概率的同时估计相联系，其测量结果处于由该不确定度确定的区间内。为了严格确定该概率，引入了扩展不确定度的概念：扩展不确定度 U 是将合成标准不确定度 $u_c(y)$ 乘以扩展因子 k 得到的不确定度，即

$$U = k u_c(y) \tag{1.20}$$

扩展不确定度规定了给定置信水平的不确定度区间的极限。扩展因子取决于模型输出变量的概率分布。例如：如果随机变量在模型输出处呈高斯分布，则 $k=1$，测量结果落在 $y - u_c(y) \sim y + u_c(y)$ 区间的概率约为 68%；$k=2$ 时，测量结果落在 $y - 2u_c(y) \sim y + 2u_c(y)$ 区间的概率约为 95%；$k=3$ 时，测量结果落在 $y - 3u_c(y) \sim y + 3u_c(y)$ 区间的概率约为 99%。要求准确了解输出变量分布类型，这在确定扩展因子时是较为困难的。对于有大量输入的模型，可以假定适用于中心极限定理。在这种情况下，假设输出变量具有高斯分布。然而，测量实践表明，在高斯分布假设下所得到的估计扩展不确定度存在显著差异，特别是当测量模型具有较强的非线性且输出变量的真实分布不对称时。

在模型输出变量的概率分布未知的情况下，如果需要确定扩张因子和置信区间（置信水平）之间的关系，通常这个问题通过韦尔奇·萨特斯韦特公式确定自由度 v 的合成数来解决：

$$v_{\text{eff}} = \frac{u_c^4(y)}{\sum_{i=1}^{N} \dfrac{u_i^4(y)}{v_i}} \tag{1.21}$$

然后，计算扩展不确定度为

$$U_p = k_p u_c(y) = t_p(v_{\text{eff}}) u_c(y) \tag{1.22}$$

式中：系数 $t_p(v_{\text{eff}})$ 为根据式（1.21）近似表示的自由度数计算出的 t 分布的值。

综上所述，评价合成标准不确定度的步骤如下。

(1) 当代表测量模型输入 $\boldsymbol{x} = (x_1, x_2, \cdots, x_n)^{\text{T}}$ 的随机变量为 X 时，对 X 的

概率分布的期望值和标准差 $\boldsymbol{u}(x) = (u(x_1), u(x_2), \cdots, u(x_n))^{\mathrm{T}}$ 进行评估。如果输入是彼此相关的，应使用变量的联合概率分布。

（2）将 $u(x_i, x_j)$ 作为协方差（互反不确定度）$\mathrm{Cov}(X_i, X_j)$ 的估计评估测量模型（式（1.4））对其输入的偏导数。

（3）在测量模型函数 f 的基础上计算输出 y 的估计值。

（4）利用步骤（3）中确定的偏导数，在点 $\boldsymbol{x} = (x_1, x_2, \cdots, x_n)$ 处计算模型的灵敏系数。

（5）运用式（1.18）或式（1.19），以 $u(\boldsymbol{x})$、$u(x_i, x_j)$ 和灵敏系数为基础评估合成标准不确定度。

（6）运用式（1.21）计算自由度的数量。

（7）运用式（1.22）计算扩展不确定度。

只有在满足以下 3 个条件时，才能通过上述步骤对扩展不确定度进行正确的评估。

（1）模型的非线性可以忽略不计。由于难以确定非线性的客观测度，这里的意思是，如果忽略模型函数的泰勒级数展开式中的高阶项，对扩展不确定评估结果的影响很小。

（2）满足中心极限定理的假设。特别是当模型输出符合高斯分布时，具有较好估计的精度。

（3）由韦尔奇·萨特斯韦特公式得到的合成自由度数量的近似值足够准确。

在实际测量中，往往无法满足上述条件。因此，计量学基本问题共同委员会第一工作组对《测量不确定度表示指南》进行了题为"分布传播的数值方法"的第 1 号增编（1995 年）。增编中提出了置信区间数值评价的思路。使用这种方法就不再需要概率分布函数的解析形式。在本书的后续部分将介绍这种方法的基本指导方针和目标。

1.3 分布的传播方法

前面介绍了利用复杂数学模型对间接测量精度进行评估的基本概念。描述了误差和不确定度的基础理论，并指出了在扩展不确定度评估中出现的问题。当然，这些问题是由于实际应用中输入随机变量（即被测量）的概率分布类型是未知的。

计量学基本问题共同委员会在编制上述增编时考虑到了这一点。该增编涉及间接测量的精度评估，特别强调强非线性和/或复杂的测量模型，如红外相机测量路径的处理算法。分布的传播方法可以正确估计测量精度，特别是在下述情况中：

（1）偏导数不可用；
（2）输出变量的分布不是高斯分布；
（3）输入变量的分布呈现非对称性；
（4）测量模型是输入量的强非线性函数；
（5）单个输入量的不确定度范围是无法确定的。

分布传播的示意图如图1.2所示。

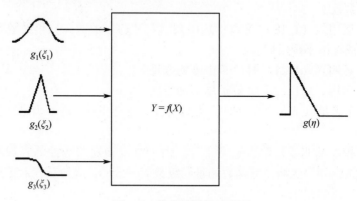

图1.2　分布传播的示意图

图1.2中的符号：$g_i(\xi_j)$为第i个输入量X_i的容许值ξ_j的概率密度函数；$g(\eta)$为测量模型Y的输出量Y的容许值η的概率密度函数$Y=f(X)$。

在分布的传播方法中，利用蒙特卡罗方法对不确定度进行了评估。计算过程的主要目的是在指定的置信水平上评估统计置信区间。值得强调的是，即使对于测量模型的强非线性泛函关系以及输入随机变量的非对称概率密度函数，该方法也能给出正确的结果。不确定度的评价可分为以下步骤：

（1）定义所考虑的测量模型的输出量（间接测量）；
（2）定义模型的输入量；
（3）根据可获得的（实验或理论的）测量量知识设计测量模型；
（4）确定模型输入量的概率密度函数的形状（基于对一系列输入测量结果的分析或单次实验）；
（5）使用测量模型和确定的输入分布评估输出的概率分布，计算可采用蒙特卡罗方法进行；
（6）得到概率密度函数的参数估计，即输出的标准不确定度和相应的期望值，以及包含由假定的置信水平确定概率的测量结果的覆盖（置信）区间。

蒙特卡罗方法使得输出量数值逼近其累积分布$G(\eta)$成为可能。模拟基于这样的假设：从该输入的所有允许值中随机选择输入量的任何值都与其他值一样合理。换句话说，不存在优先值。因此，根据分配给该输入的概率分布函数绘制每个输入量的值，验证其值的集合。与输入的绘制值相对应的测量模型输出值是具有代表性的输出。因此，用这种方法从模型中获得足够大的输出值集合，就可以在所需的精度上逼近输出（测量量）允许值的概率密度分布。蒙特卡罗模拟的步骤如下。

（1）通过对每个输入变量 $X_i(i = 1,2,\cdots,N)$ 的概率密度函数进行独立采样，生成一个由 N 个值组成的集合。在统计相关变量的情况下，必须使用变量的联合密度函数生成样本集合。重复采样 M 次，其中 M 是一个大数。结果得到 M 组由 N 个输入值组成的独立集合。

（2）对每一个输入值集合运行一遍仿真模型。结果，可以得到模型输出变量 Y 的一个由 M 个值组成的集合（实现），这个集合实际上就是输出变量概率密度分布的一种数值近似。根据生成的输出值集合，确定 Y 的累积密度函数 $G(\eta)$ 的近似值 $\hat{G}(\eta)$。

（3）基于 $\hat{G}(\eta)$ 的输出变量分布统计参数的评价。具体来说，这决定了：测量值 y 作为 $\hat{G}(\eta)$ 的期望值；标准不确定度 $u(y)$ 作为 $\hat{G}(\eta)$ 标准差的估计；假设置信概率下，置信区间 $I_p(y)$ 的端点为 $\hat{G}(\eta)$ 的两个分位数。

分布传播的一个非常重要的方面是对输出量累积密度函数的近似。近似过程的步骤如下。

（1）对输出变量 $y_r(r = 1,2,\cdots,M)$ 的值（通过蒙特卡罗模拟得到）进行递增排序。排序后的值进一步表示为 $y_r(r = 1,2,\cdots,M)$。

（2）根据式（1.23）将等距累积概率赋给排序后的值：

$$p_r = \frac{r - 0.5}{M} \quad (r = 1,2,\cdots,M) \tag{1.23}$$

（3）将 M 个坐标点 (y_r, p_r) 连接，形成分段线性函数 $\hat{G}(\eta)$：

$$\hat{G}(\eta) = p_r + \frac{\eta - y_r}{M(y_{(r+1)} - y_r)} \quad (y_r \leq \eta \leq y_{(r+1)}; r = 1,2,\cdots,M-1)$$

$$\tag{1.24}$$

在确定了输出概率分布的近似 $\hat{G}(\eta)$ 之后，就可以计算它的期望值 $\hat{y}$（是对被测量 Y 的估计）和标准差（是对标准不确定度的估计）。期望值和方差的估计可以分别计算为

$$\hat{y} = \frac{1}{M}\sum_{r=1}^{M} y_r \tag{1.25}$$

$$u_c^2(\hat{y}) = \frac{1}{M-1}\sum_{r=1}^{M}(y_r - \hat{y})^2 \tag{1.26}$$

分布传播算法的最后一步是根据假定的置信水平（覆盖概率）来评估置信区间。通常采用95%置信水平。

由累积分布函数 $G(\eta)$ 描述的概率分布的分位数 β，使得随机变量值 η 满

足 $G(\eta) = \beta$。这意味着，η 值出现的概率恰好等于 β。

如果用 α 表示（$0 \sim (1-p)$）区间的任意值，其中 p 为所需的置信概率，那么置信区间 $I_p(y)$ 的端点可以确定为由 $G(\eta)$ 定义的分布的两个分位数 α 和 $\alpha + p$。例如，如果采用 $\alpha = 0.025$，则 95% 覆盖区间的两端点分别是分位数 0.025 和 0.0975，结果得到概率对称的置信区间 $I_{0.95}(y)$。

一般情况下，如果概率分布是对称的，则最短的置信区间与分位数相关，即

$$\alpha = \frac{1-p}{2} \tag{1.27}$$

可以看出，对于 95% 的置信区间，如果概率分布对称且满足式（1.27），则 $\alpha = 0.025$，也就是上面示例中所使用的值。

蒙特卡罗模拟表明，输出的概率分布密度与其期望值（不是中心期望值）不对称。这种情况有许多满足相等的区间，即

$$g(G^{-1}(\alpha)) = g(G^{-1}(\alpha + p)) \tag{1.28}$$

应该选择这样的 α 值，它决定了与假设置信概率 p 相关联的最短可能置信区间。所选择的 α 值应满足以下条件：

$$G^{-1}(\alpha + p) - G^{-1}(\alpha) = \min \tag{1.29}$$

下面介绍一个利用分布传播方法进行不确定度分析的案例（例中描述的过程在原则上对应于一个更复杂的案例研究：红外相机处理路径算法的不确定度仿真评估。这种评估的方法和结果参见第 5 章）。

例 1.3 分布传播方法在确定简单非线性模型 95% 置信区间中的应用

下面考虑一个简单的测量模型，它有两个输入、一个输出随机变量。输入与输出的关系为

$$Y = X_1^2 + 2X_2 \tag{1.30}$$

输入变量 X_1、X_2 服从均匀概率分布，定义为

$$g(x) = \begin{cases} \dfrac{1}{b-a} & (a \leq x \leq b) \\ 0 & (x \text{ 为其他值}) \end{cases} \tag{1.31}$$

这些分布的参数 a、b 可以从给定的输入统计数据中计算出来，即期望值和方差（标准差的平方）：

$$\begin{cases} a = \hat{x} - \sqrt{3u^2(x)} \\ b = \hat{x} + \sqrt{3u^2(x)} \end{cases} \tag{1.32}$$

式中，假设期望值也是输入的估计值，表示为 $\hat{x}$；$u^2(x)$ 为输入方差的估计值。输入 X_1、X_2 所采用的估计值和不确定度，以及根据这些估计值计算出

的均匀分布函数的相应参数见表1.1。它们共同构成蒙特卡罗模拟的输入数据。

表1.1 式（1.30）所示模型蒙特卡罗模拟的输入数据

模型输入量	$\hat{x}$	$u^2(\hat{x})$	a	b
X_1	1.00	2.00	7.55	12.45
X_2	100	2.00	92.25	107.7

根据表1.1中输入参数确定的条件，运行蒙特卡罗模拟 $M=10^5$ 次后，生成输入变量 X_1、X_2 的近似分布，这些分布如图1.3和图1.4所示。

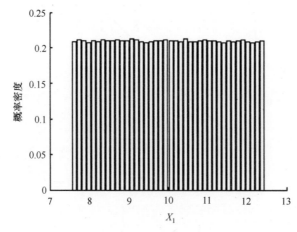

图1.3 输入变量 X_1 的概率密度分布

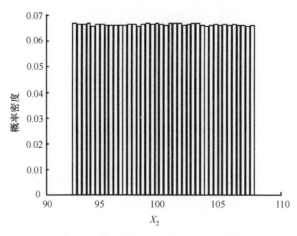

图1.4 输入变量 X_2 的概率密度分布

为了确定输出变量 Y 的概率密度函数，对式（1.30）所示的模型进行了 M 次蒙特卡罗模拟，利用式（1.23）和式（1.24）确定 Y 的累积分布函数的近似值。累积分布的这种近似如图 1.5 所示，相应的概率密度近似如图 1.6 所示。以变量 Y 的算术平均值为基础计算测量的估计值，结果为 $\hat{y}=302$，标准不确定度 $u_c(\hat{y})=30$，图 1.6 中以竖线标示的 95% 置信区间为 $I_{0.95}(Y)=[252,354]$。

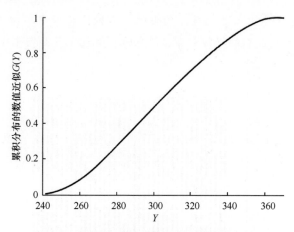

图 1.5　模型输出变量累积分布的数值近似

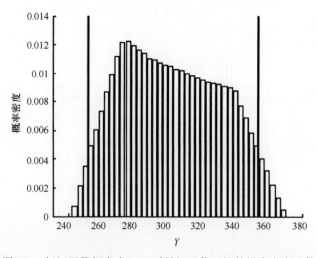

图 1.6　标记置信概率为 95% 时最短置信区间的概率密度函数

上面的例子解释了一个简单测量模型的分布传播：二阶多项式。在第3章中，讨论了这种方法在更复杂的红外热成像测量模型中的应用。对于这种复杂模型，使用分布传播方法比解析方法更合理。另外，由于模型的非线性，分布传播方法得到的结果更加准确。第5章则介绍了红外热像仪测量模型的仿真研究方法。

第 2 章　红外热成像测量基础

2.1　引言

赫歇尔的实验发现了红外辐射，对红外光谱研究的兴起和发展具有重要意义。在赫歇尔（1830）的实验中，他观察到太阳辐射在不同光谱范围具有不同的热效应。他将装有敏感水银温度计的黑色容器沿透射式玻璃棱镜分解太阳辐射而得到的不同光谱依次摆放。入射光线的能量被容器吸收，温度计显示温度要高于环境温度。他在分析实验结果时，发现位于红光末端以外的温度计读数比位于可见光谱范围内的温度计读数要高。实验证明，太阳辐射的全光谱比可见光范围更宽，而在红光末端以外的地方存在着棱镜弱折射产生的肉眼不可见的光线。

赫歇尔称它们为"看不见的射线"或"看不见的温度计光谱"，后来，统称为"红外线"。其他科学家通过进一步实验表明，红外线与可见光类似，也遵循反射、折射和吸收定律。干涉和极化实验证明，红外辐射与可见光具有相同的性质。然而，是赫歇尔首先确定了红外的热效应这一重要特性，并指出它位于光谱的可见范围之外。

虽然赫歇尔被认为是红外研究的先驱，但如果没有辐射传热基本定律的发现，很难想象现代红外热成像技术及应用的蓬勃发展。这些理论的描述如下。

2.2　辐射传热的基本定律

当温度高于绝对零度时，每个物体都会发出热辐射。这种辐射的强度取决于波长 λ 和物体的温度。

热辐射是自然界中常见的一种电磁辐射。如果热通量 Φ（单位时间内的热量，单位为 W）入射到一定厚度的物体表面，则通量 $\Phi_A(W)$ 被吸收，通量 $\Phi_R(W)$ 被反射，通量 $\Phi_{TT}(W)$ 经过物体透射出去，则引入以下系数：吸收率 A、反射率 R、透射率 TT，定义为比值：

$$\begin{cases} A = \dfrac{\Phi_A}{\Phi} \\ R = \dfrac{\Phi_R}{\Phi} \\ TT = \dfrac{\Phi_{TT}}{\Phi} \end{cases} \quad (2.1)$$

热辐射通量入射到一定厚度物体上的路径如图 2.1 所示。

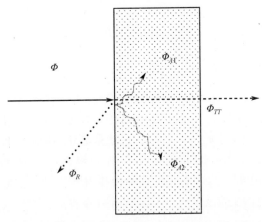

图 2.1　热辐射通量入射到一定厚度物体上的路径

理想黑体的概念在红外热成像测量中起着非常重要的作用。几个黑体模型如图 2.2 所示。黑体能够完全吸收入射辐射，因此式（2.1）定义的系数满足：

$$\begin{cases} A = 1 \\ R = 0 \\ TT = 0 \end{cases} \quad (2.2)$$

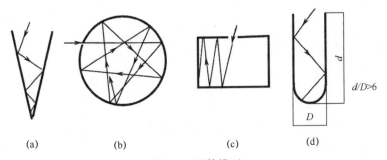

图 2.2　黑体模型

图 2.2 模型中入射辐射的完全吸收是由于多次内部反射的结果。
根据基尔霍夫定律，式（2.3）适用于每一个物体：

$$A + R + TT = 1 \quad (2.3)$$

这一定律不仅适用于整体辐射（物体发出的所有波长的辐射），也适用于任何光谱辐射。为便于描述，引入了光谱辐射的光谱吸收率、光谱反射率和光谱透射率，它们的值取决于指定的波长，定义为

$$\begin{cases} A_\lambda = \dfrac{\Phi_{A\lambda}}{\Phi_\lambda} \\ R_\lambda = \dfrac{\Phi_{R\lambda}}{\Phi_\lambda} \\ TT_\lambda = \dfrac{\Phi_{TT\lambda}}{\Phi_\lambda} \end{cases} \tag{2.4}$$

基尔霍夫定律也适用于光谱系数：

$$A_\lambda + R_\lambda + TT_\lambda = 1 \tag{2.5}$$

系数 A、R 和 TT 的值取决于物体的材料及其表面状态，而光谱系数还取决于波长。应该强调的是，一般来说，这些系数也与温度 T 有关。此外，还有一些研究结果表明，对于超快热过程，这些系数还与时间 t 有关。

含有考虑点的任意小的表面面元发射的辐射功率（辐射通量）$d\Phi$ 与该面元的投影面积 dF 之比（与波长和温度相关）称为辐射出射度（辐射度），单位立体角内的辐射通量则称为辐射强度，记作 I（W/sr）。辐射出射度表示为

$$M(\lambda, T) = \dfrac{d\Phi(\lambda, T)}{dF} \quad (W \cdot m^2) \tag{2.6}$$

热通量密度 q 与辐射出射度单位相同：

$$q(\lambda, T) = \dfrac{d\Phi(\lambda, T)}{dF} \quad (W \cdot m^2) \tag{2.7}$$

光谱辐射出射度定义为

$$M_\lambda(\lambda, T) = \dfrac{dM(\lambda, T)}{d\lambda} \quad (W \cdot m^2 \cdot \mu m^{-1}) \tag{2.8}$$

黑体的光谱辐射发射度由普朗克定律给出：

$$M_b(\lambda, T) = \dfrac{2\pi h c^2}{\lambda^5 \cdot \left[\exp\left(\dfrac{hc}{\lambda k T}\right) - 1 \right]} \quad (W \cdot m^2 \cdot \mu m^{-1}) \tag{2.9}$$

式中：真空中的光速 $c = 299792458 \pm 1.2$ m·s^{-1}；普朗克常数 $h = (6.626176 \pm 0.000036) \times 10^{-34}$ W·s^2；玻耳兹曼常数 $k = (1.380662 \pm 0.000044) \times 10^{-23}$ W·s·K^{-1}。

根据国际温度标准 ITS-90，通过定义新的常数 $c_1 = 2 \cdot \pi \cdot h \cdot c^2 = (3.741832 \pm 0.000020) \times 10^{-16}$ W·m^2（第一辐射常数）和 $c_2 = h \cdot c/k = (1.438786 \pm 0.000045) \times 10^{-2}$ m·K（第二辐射常数），使得式（2.9）可以写成

更紧凑的形式：

$$M_b(\lambda,T) = \frac{c_1}{\lambda^5 \cdot \left[\exp\left(\dfrac{c_2}{\lambda T}\right) - 1\right]} \quad (W \cdot m^2 \cdot \mu m^{-1}) \qquad (2.10)$$

图 2.3 所示的曲线示出了由式 (2.10) 确定的黑体辐射出射度 $M_b(\lambda,T)$ 与波长 λ 在不同温度 T 下的关系。

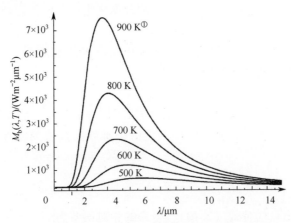

图 2.3　由式 (2.10) 确定的黑体辐射出射度 $M_b(\lambda,T)$

黑体的波段辐射出射度 $M_b(\lambda_1,\lambda_2)$ 是对式 (2.10) 的黑体光谱辐射出射度从波长 $\lambda_1 \sim \lambda_2$ 内的积分：

$$M_b(\lambda_1,\lambda_2) = \int_{\lambda_1}^{\lambda_2} \frac{c_1 d\lambda}{\lambda^5 \cdot \left[\exp\left(\dfrac{c_2}{\lambda T}\right) - 1\right]} \qquad (2.11)$$

普朗克定律决定了在给定的温度 T 和波长 λ 下黑体的辐射出射度 $M_b(\lambda,T)$。但有时需要通过某一波长 λ 下测得的 $M_b(\lambda)$ 来确定黑体温度 T，这可以通过逆推普朗克定律来实现，即

$$T = \frac{c_2}{\ln\left[\dfrac{c_1 + \lambda^5 \cdot M_b(\lambda)}{\lambda^5 \cdot M_b(\lambda)}\right]^\lambda} \quad (K) \qquad (2.12)$$

在某些情况下，普朗克定律可以简化。这些特殊情况由维恩定律和瑞利－琼斯定律描述。

当 λT 的乘积较小时，维恩定律是对普朗克定律的近似。在这种情况下，则有 $\exp(c_2/\lambda T) - 1 = \exp(c_2/\lambda T)$ 近似成立。因此，对于黑体的辐射出射度，由维恩定律表示为

---
① 1K = -272.15℃。

$$M_b(\lambda,T) = \frac{c_1}{\lambda^5 \cdot \exp\left(\dfrac{c_2}{\lambda \cdot T}\right)} \quad (\text{W} \cdot \text{m}^2 \cdot \mu\text{m}^{-1}) \qquad (2.13)$$

用式（2.13）代替式（2.10），带来的相对误差为

$$\delta = \frac{M_b(\lambda,T)_P - M_b(\lambda,T)_W}{M_b(\lambda,T)_P} = \exp\left(-\frac{c_2}{\lambda \cdot T}\right) \qquad (2.14)$$

式中：$M_b(\lambda,T)_P$、$M_b(\lambda,T)_W$ 分别为由普朗克定律和维恩定律计算得到的黑体辐射出射度。

当 $\lambda T \gg c_2$ 时，瑞利－琼斯定律是对普朗克定律的近似。在这种情况下，将式（2.10）的分母按级数形式展开：

$$\exp\left(\frac{c_2}{\lambda \cdot T}\right) - 1 \approx \frac{c_2}{\lambda \cdot T} + \frac{1}{2!}\left(\frac{c_2}{\lambda \cdot T}\right)^2 + \cdots \qquad (2.15)$$

通过忽略这个展开式的高阶项，就可以推导出描述黑体辐射出射度的瑞利－琼斯公式：

$$M_b(\lambda,T) = \frac{c_1}{c_2} \cdot T \cdot \lambda^{-4} \quad (\text{W} \cdot \text{m}^2 \cdot \mu\text{m}^{-1}) \qquad (2.16)$$

用式（2.16）代替式（2.10），带来的相对误差为

$$\delta = \frac{M_b(\lambda,T)_P - M_b(\lambda,T)_R}{M_b(\lambda,T)_P} = 1 - \frac{\lambda \cdot T}{c_2}\left[\exp\left(\frac{c_2}{\lambda \cdot T}\right) - 1\right] \qquad (2.17)$$

令式（2.10）对波长 λ 的导数为 0，则可得维恩位移定律：

$$\frac{dM_b(\lambda,T)}{d\lambda} = \frac{d}{d\lambda}\left\{\frac{c_1}{\lambda^5 \cdot \left[\exp\left(\dfrac{c_2}{\lambda \cdot T}\right) - 1\right]}\right\} = 0 \qquad (2.18)$$

这个方程决定了波长 $\lambda_{\max}$，在给定温度 T 下黑体辐射发射度能够达到最大值：

$$\lambda_{\max} \cdot T = 2898 \quad (\mu\text{m} \cdot \text{K}) \qquad (2.19)$$

由维恩位移定律预测的最大辐射出射度为

$$M_b(T) = 1.286 \times 10^{-11} \times T^5 \quad (\text{W} \cdot \text{m}^2 \cdot \mu\text{m}^{-1}) \qquad (2.20)$$

斯忒藩－玻耳兹曼定律决定了一个黑体在所有波长处的总辐射。通过对式（2.10）从 $0 \sim \infty$ 积分，得到总辐射为

$$M_b = \int_{\lambda=0}^{\lambda=\infty} M_b(\lambda,T)d\lambda = \int_{\lambda=0}^{\lambda=\infty} \frac{c_1 d\lambda}{\lambda^5 \cdot \left[\exp\left(\dfrac{c_2}{\lambda T}\right) - 1\right]} \qquad (2.21)$$

最后斯忒藩－玻耳兹曼公式具有以下形式：

$$M_b(\lambda,T) = \frac{\pi^4 c_1}{15 c_2^4} \cdot T^4 = \sigma_0 \cdot T^4 = C_0 \cdot \left(\frac{T}{100}\right)^4 \quad (\text{W} \cdot \text{m}^{-2}) \qquad (2.22)$$

式中：斯忒藩-玻耳兹曼为

$$\sigma_0 = \frac{\pi^4 c_1}{15 c_2^4} = \frac{2\pi^5 k^4}{15 h^3 c^2} = (5.67032 \pm 0.00071) \times 10^{-8} \quad (\mathrm{W \cdot m^{-2} \cdot K^{-4}})$$

黑体辐射的技术常数为 $C_0 = \sigma_0 \times 10^8 = (5.67032 \pm 0.00071)(\mathrm{W \cdot m^{-2} \cdot K^{-4}})$。

> **例2.1** 计算太阳表面温度的近似值。计算时，假设太阳辐射的最大波长 λ_{max}（大约）处于可见光谱的中间位置（即 $\lambda_{max} = 0.50\mu m$）
>
> 利用维恩位移定律，可得
> $$T = 2898/\lambda_{max} = 2898/0.50 \approx 5800 \quad (K)$$
>
> 需要强调的是，上述结果是太阳表面温度的近似值，因为确切的数值是未知的。该温度的精确值可以通过测量太阳的光谱辐射量 $M_b(\lambda, T)$ 并应用式（2.22）来确定。

> **例2.2** 计算从表面积 $1m^2$、温度 310K（36.9℃）的人体皮肤辐射的热量
>
> 由斯忒藩-玻耳兹曼定律，可得
> $$M_b = \sigma_0 \cdot T^4 = 5.67 \times 10^{-8} \times (310)^4 \approx 500 \quad (\mathrm{W \cdot m^{-2}})$$
>
> 需要强调的是，上述结果是太阳表面温度的近似值，因为确切的数值是未知的。该温度的精确值可以通过测量太阳的光谱辐射量 $M_b(\lambda, T)$ 并应用式（2.22）来确定。

以上定律和定义均指黑体。然而，黑体只是实际物体的理想化模型。实际上，红外热成像测量的对象并非入射辐射的理想吸收体，它们是灰体。红外热成像学中，解释现代红外系统的工作以及正确识别测量中的误差和不确定源的一个非常重要的概念就是发射率。这将在2.3节中讨论。

2.3 发射率

2.3.1 基本概念

在确定的热状态下（确定的温度），影响表面辐射能量主要的特征是它的发射率。如果待测温度表面具有黑体的性质，则可以根据普朗克定律（式（2.10））给出固定温度和波长下的辐射出射度。然而，在实际条件下，普朗克定律只决定了对热通量密度的有限（最大）估计。这是所有实际物体吸收能力有限的结果，也就是说，它们不满足普朗克关于黑体（完全黑体）的假设。因此，有必要引入一个确定物体表面吸收能力的参数。根据基

尔霍夫定律，这相当于确定表面的发射率。

一个物体在全辐射范围内的发射率 ε 称为总发射率，是该物体在相同温度下的全辐射出射度 $M(T)$ 与黑体在相同温度下的全辐射出射度 $M_b(T)$ 的比值：

$$\varepsilon = \frac{M(T)}{M_b(T)} \qquad (2.23)$$

光谱发射率 ε_λ 是一个物体在给定波长 λ 下的光谱辐射出射度 $M_\lambda(T,\lambda)$ 与一个黑体在相同波长、相同温度、相同角度下的光谱辐射出射度 $M_{b\lambda}(T,\lambda)$ 的比值：

$$\varepsilon_\lambda = \frac{M_\lambda(T,\lambda)}{M_{b\lambda}(T,\lambda)} \qquad (2.24)$$

根据表面辐射特性，可以用以下方法来区分实体物质。

(1) 黑体：$\varepsilon_b(\alpha) = 1$，且 $\varepsilon_b(\lambda,T) = 1$，其中 α 为观测角度。

(2) 非黑体：$0 < \varepsilon(\lambda,T) < 1$。

(3) 耗散体：$\varepsilon(\alpha) = $ 常数，且 $\varepsilon(\alpha) < 1$。

非黑体又可分为灰体和非灰体。

(1) 灰体：$0 < \varepsilon(\lambda,T) < 1$，且 $\varepsilon(\lambda,T) = $ 常数，但 $\varepsilon(\alpha) = $ 变量。

(2) 非灰体（选择性吸收体）：$0 < \varepsilon(\lambda,T) < 1$，但 $\varepsilon(\lambda,T) = $ 变量，且 $\varepsilon(\alpha) = $ 变量。

耗散体是发射率与观测角度 α 无关的物体，其表面满足朗伯定律（即朗伯面）。同样，可以把反射体定义为反射系数 R 与观测角度 α 无关的物体。

为了研究观测角度如何影响一个物体的辐射特性，有必要介绍一些与光学相关的基本物理定律和定义。

朗伯定律（光学余弦定律）决定了一个黑体面元发射的辐射强度分布与观测角度 α 的关系。

$$I_{b\alpha} = I_{b\perp} \cos\alpha \quad (W/sr) \qquad (2.25)$$

式中：$I_{b\perp}$ 为沿黑体面元法线方向发射的辐射强度；$I_{b\alpha}$ 为与面元法线所成夹角 α 方向上发射的辐射强度。

式 (2.25) 表明，朗伯表面的辐射强度与观察者视线和表面法线之间的夹角 α 的余弦值成正比。黑体表面在其法线方向上的辐射强度 $I_{b\perp}$ 为该表面总辐射强度 I_b 的 $1/\pi$ 倍，即

$$I_{b\perp} = I_b/\pi \quad (W/sr) \qquad (2.26)$$

式 (2.25) 和式 (2.26) 也适用于耗散体。对于非黑体，式 (2.25) 仅近似成立，特别对于抛光的金属和 $\alpha > 50°$ 的情况，这种偏差是由于（实际）非黑体的发射率 ε_α 与角度 α 造成的。

发光强度 I_v 是单位立体角上给定方向的光通量。朗伯定律也适用于发光强

度，即

$$I_{v\alpha} = I_{v\perp}\cos\alpha \quad (\text{cd}) \tag{2.27}$$

式中：$I_{v\perp}$ 为表面法线方向的辐射强度。

照度或亮度 L_v 是在给定方向上发光强度的表面密度：

$$L_v = \frac{\mathrm{d}I_v}{\mathrm{d}F \cdot \cos\alpha} \quad (\text{cd} \cdot \text{m}^{-2}) \tag{2.28}$$

式中：$\mathrm{d}F$ 为基本辐射面积；α 为观察者的视线与表面法线之间的夹角（观察角）。

亮度描述的是对表面亮度的主观印象。将式（2.27）代入式（2.28），可得：

$$L_v = \frac{\mathrm{d}I_{v\perp} \cdot \cos\alpha}{\mathrm{d}F \cdot \cos\alpha} \tag{2.29}$$

由式（2.29）可知，黑体表面的亮度与观测角度 α 无关，等于法向的亮度。对于在现实中经常遇到的非黑体，在角度 α 处于 $0 \sim \pi/4$ 的范围内，其亮度几乎是恒定的。

除了观测角度外，表面的发射率也与观测时间有关。这是由于发射率随时间变化而变化造成的。研究结果表明，超快热现象伴随着发射率的显著变化。这种影响可能会导致用于超快热过程（如主动动态热成像）的热成像测量方法的准确性下降。目前为止的研究表明，给定物体表面的发射率是观测角度 α、波长 λ、物体温度 T 和时间 τ 的函数，即

$$\varepsilon = f(\alpha, \lambda, T, \tau) \tag{2.30}$$

对于半透明物体，发射率可表示为

$$\varepsilon = \frac{(1-R)(1-TT)}{1-RTT} \tag{2.31}$$

为了能够独立于材料的表面状态来比较材料的性能，有时会用到比发射率，其中 ε' 为总比辐射率，ε'_λ 为光谱比发射率，$\varepsilon'_{\lambda_1-\lambda_2}$ 为波段比发射率。所有这些比发射率的评估只在平面（即抛光和不透明的表面）的法向上进行。因此它们也被称为法向发射率，即沿 $\alpha=0$ 表面法向的发射率（见附录 B 中各种材料法向发射率表）。

为了可靠地估计发射率，还应考虑许多其他因素，如待测物体表面的条件及其均匀性。这些因素很难用数学准确描述，因此特定物体的发射率值通常只能以较低精度的方式获取。这是红外热成像测量中面临的重要问题，因为在红外相机测量路径的数学模型中，为待测目标设置一个精确的发射率值对其温度的精确评估是非常重要的。因此，尽可能准确地评价所观测到的表面发射率是红外热像仪每一次测量的重要工作。

2.3.2 发射率评估方法

评估发射率的方法多种多样，例如 Orlove 提出了以下方案。

在待测物体表面粘贴一块准确已知的高发射率（如 $\varepsilon=0.95$）且导热性好的材料（不干胶），或用已知高发射率的特殊涂料涂覆在其部分表面上。

(1) 将物体加热到比环境温度至少高 50℃ 的温度。

(2) 在物体的粘贴（或之前涂覆）部位设置相机的聚焦点（SP）。

(3) 在相机上设置已知标签（或油漆）的发射率，以及事先测量的大气温度、环境温度、相机到物体的距离和大气湿度等。

(4) 读取已知发射率区域的聚焦点温度。

(5) 将聚焦点移到已知发射率区域之外。

(6) 改变相机中物体发射率的参数，读取点温度，直到温度与已知发射率的"干净"区域相同。

上述方法的一个变体是使用接触法来确定物体的温度。然后，调整相机的发射率参数，直到获得相同的温度读数。参数集最后一个值就代表了物体的发射率。另一种方法则在物体表面钻一个深度至少是其直径 6 倍的孔，这样的一个孔可视为发射率为 $\varepsilon_{ob}\approx1$ 的黑体，该方法是一种近似方法，因为孔会使物体表面的温度场发生畸变。

高温物体的发射率 ε_α（它取决于观察角度 α），对于弯曲圆柱上的任意点或任意平面的发射率，也可以用下面描述的方法来评估。

根据 C. Christiansen 在 1883 年推导出的公式，面元 1 与面元 2（其中面元 1 的面积 F_1 比面元 2 的面积 F_2 小得多）之间交换的热通量为

$$\Phi_{2-1}=F_1\cdot\varepsilon_1\cdot C_0\cdot\left[\left(\frac{T_2}{100}\right)^4-\left(\frac{T_1}{100}\right)^4\right]\quad(\mathrm{W})\qquad(2.32)$$

因此，表面温度为 T_{bb} 黑体到达温度为 T_d、面积 F_d 的相机探测器时的热通量为

$$\Phi_{1-2}=\sigma_0\cdot F_d\cdot(T_{bb}^4-T_d^4)\quad(\mathrm{W})\qquad(2.33)$$

式（2.33）只是一个近似值，因为它没有考虑相机镜头的几何形状和大气透射参数。

在相同条件下，具有与角度相关的发射率 ε_α 的非黑体发射的热通量为

$$\Phi_{1-2}=\sigma_0\cdot F_d\cdot\varepsilon_\alpha\cdot(T_{bb}^4-T_d^4)\quad(\mathrm{W})\qquad(2.34)$$

当将发射率 $\varepsilon_\alpha=1$ 输入红外相机，它将显示一个温度 T_s，不同于（低于）T_{bb}。然而，到达探测器的热通量相同，即

$$\Phi_{1-2}=\sigma_0\cdot F_d\cdot(T_s^4-T_d^4)\quad(\mathrm{W})\qquad(2.35)$$

通过比较式（2.34）和式（2.35）等号右侧项，可以得到 ε_α 作为温度 T_d、T_{bb} 和 T_s 的函数关系如下：

$$\varepsilon_\alpha = \frac{T_s^4 - T_d^4}{T_{bb}^4 - T_d^4} \tag{2.36}$$

当 T_s（T_{bb}）远高于相机探测器温度 T_d 时（对于带有致冷探测器的相机 $T_d \approx$（70~200K）），则式（2.33）近似为

$$\varepsilon_\alpha \approx \left(\frac{T_s}{T_{bb}}\right)^4 \tag{2.37}$$

这样确定的发射率是探测器响应波段内的平均发射率。

对于其他材料，可以使用下列近似关系之一。

完全光滑金属表面的发射率与波长 λ 的函数关系（这种关系适用于 $\lambda > 2\mu m$）为

$$\varepsilon = k\sqrt{\frac{\rho}{\lambda}} \tag{2.38}$$

式中：常系数 $k = 0.365\Omega^{-1/2}$；ρ 为电阻率（$\Omega \cdot m$）。

实际金属表面的发射率与波长 λ 的函数关系为

$$\varepsilon = \frac{1}{b_1\sqrt{\lambda} + b_2} \tag{2.39}$$

式中：b_1（μm^{-1}）和 b_2 均为常系数。

不导电材料的光谱发射率 ε_λ 与折射率 n_λ 的关系为

$$\varepsilon_\lambda = \frac{4n_\lambda}{(n_\lambda + 1)^2} \tag{2.40}$$

式中：$n_\lambda = 1.5 \sim 4$ 时为非有机化合物；$n_\lambda = 2.0 \sim 3.0$ 时为金属氧化物。

其他评估发射率的方法可以在 Marshall（1981）、Madding（1999）和 Madding（2000）等文献中找到。

2.3.3 发射率评估及其对测温的影响案例

例 2.3 在固定换热条件下，集中供热（CH）散热器表面发射率的实验评估

Dudzik（2007）、Dudzik 和 Minkina（2008a）、Dudzik（2008）和 Dudzik（2008）采用以下步骤对面板 CH 散热器的表面发射率进行评估：

(1) 确定加热器表面测量点的坐标；

(2) 使用接触法指定测量点的温度，同时使用热像仪记录测量点附近的温度；

(3) 应用最小二乘法评估散热器表面发射率。

图 2.4 所示为德朗基公司生产的部分单对流单排板加热器，正常功率为 980.53W。图 2.5 所示的加热器的温度图记录在一个带有开放腔室的实

验台上。实验室内的墙壁涂有高发射率（$\varepsilon \approx 1$）的乳胶漆。接下来，对实验中记录的 60 幅热像图像进行平均处理。在受控的流入温度下向加热器供水。所有的热像图都是在固定的热条件下记录的，这些条件包括下列加热介质（水）的参数。

(1) 流入温度：(58.67 ± 0.01)℃。

(2) 流出温度：(48.16 ± 0.01)℃。

(3) 体积流量：(47 ± 3) l/h。

图 2.4 装有温度传感器 LM35A 的加热器照片

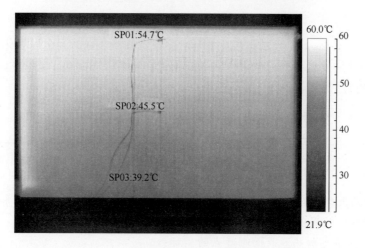

图 2.5 标有温度测量点的加热器温度图

测量点附近记录的温度值从平均温度图中读取。LM35A 温度传感器安装在以下坐标点：$x_1 = 165$ 像素，$y_1 = 29$ 像素；$x_2 = 165$ 像素，$y_2 = 106$ 像素；$x_3 = 165$ 像素，$y_3 = 185$ 像素，其中数字表示 320×240 像素相机阵列探测器的坐标，测量条件见表 2.1。

表2.1 红外热像仪测量 CH 加热器表面发射率的条件

环境温度/℃	大气温度/℃	发射率	相对湿度/℃	相机到目标的距离/m
20 ± 0.2	20 ± 0.2	—	0.5	0.252 ± 0.001

下面给出了补偿信号的示例值，该值由测量点附近的热像图使用式 (3.13) 计算得到：

对于 $h_1 = (0.55 \pm 0.002)$ m，在 $T_{ob_1} = (53.9 \pm 0.5)$℃条件下，$s_{ob_1} = 33231$；

对于 $h_2 = (0.30 \pm 0.002)$ m，在 $T_{ob_2} = (45.1 \pm 0.5)$℃条件下，$s_{ob_2} = 32963$；

对于 $h_3 = (0.05 \pm 0.002)$ m，在 $T_{ob_3} = (40.1 \pm 0.5)$℃条件下，$s_{ob_3} = 32796$；

假设输入 T_{atm}、T_o、v、d 均为常数，则式 (3.17) 的测温模型可写为

$$\hat{T}_{ob} = f(s_{ob}, \varepsilon_{ob}) \quad (℃) \tag{2.41}$$

式中：$\hat{T}_{ob}$ 为由模型公式计算得到的目标温度；s_{ob} 为探测器的补偿信号（见式 (3.13)）；ε_{ob} 为目标的发射率。

用 T_{ob} 表示接触法测量得到的物体温度，确定发射率的值，使测量的温度和计算的温度非常相似：

$$\begin{cases} D_1 = \hat{T}_{ob_1} - T_{ob_1} \approx 0 \\ D_2 = \hat{T}_{ob_2} - T_{ob_2} \approx 0 \\ D_3 = \hat{T}_{ob_3} - T_{ob_3} \approx 0 \end{cases} \tag{2.42}$$

对残差求平方和：

$$g(\varepsilon_{ob}) = \sum_{i=1}^{3} [\hat{T}_{ob_i}(\varepsilon_{ob}) - T_{ob_i}]^2 \tag{2.43}$$

获得最小值。式 (2.43) 的最小值采用莱文贝格 – 马夸特优化算法 (L – M 算法) 进行。

图 2.6 所示为在三个测点上测量的和采用最小二乘法计算的温度对比。实测温度与计算温度的对应差异，如图 2.7 所示。

计算发射率极限误差的方法如下：

(1) 假设接触测量的极限误差为 ±0.5℃。

(2) 发射率测量的负极限误差是通过将三个测点的极限温度提高 0.5℃（即接触测量的正极限误差），并据此评估一个新的发射率值（被低估的）来确定的。

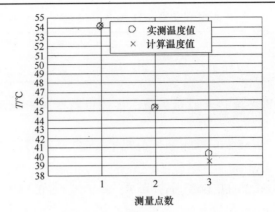

图 2.6 加热器三个测点测得的温度值和采用最小二乘法计算的温度值的对比

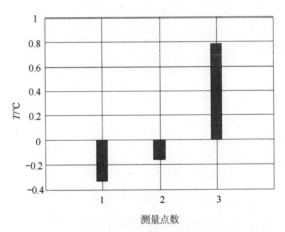

图 2.7 三个测点处实测温度与计算温度的差异对比

(3) 发射率测量的正极限误差是通过将三个测点的极限温度降低 0.5℃（即接触测量的负极限误差），并据此评估一个新的发射率值（被高估的）来确定的。

通过上述步骤，获得了加热器表面的发射率为 $\varepsilon_{ob} = 0.97 \pm 0.02$。极限误差值（0.02）大约是发射率估计值的 2.1%。需要强调的是，误差的估计假设了最坏的测量条件，即

(1) LM35A 传感器最大极限误差：根据手册，等于 0.5℃（典型误差为 0.3℃）；

(2) 传感器极限误差的最坏分布：传感器的所有误差均取同一符号。

实践中，不可能每一点的温度测量都具有相同符号的最大误差。因此，根据该方法估计的发射率的误差可能是被高估的。

例 2.4 测量温度的变化如何影响发射率的变化

温度测量结果与发射率 ε 和观测角度 α 的关系在图 2.8 的图像和图形中清晰可见。

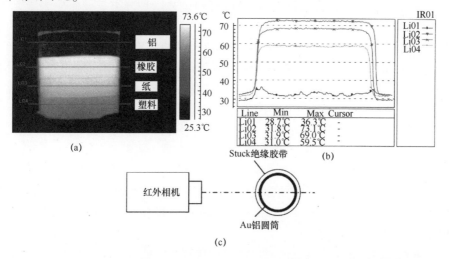

图 2.8 采用红外相机对在静止状态下的铝圆筒（Li01 截面）及其采用绝缘材料粘贴不同材质：橡胶（Li02 截面）、纸（Li03 截面）和塑料（Li04 截面）的温度进行测量，红外相机显示出每种材料具有明显不同的温度
(a) 温度图；(b) 温度曲线；(c) 实验装置俯视图。

热像图示出了一个由铝材（$\varepsilon_{ob} = 0.09$）制成的圆筒，横截面记为 Li01，铝圆筒带有绝缘材料制成的粘贴带，分别粘有：橡胶（$\varepsilon_{ob} = 0.95$），横截面记为 Li02；纸（$\varepsilon_{ob} = 0.92$），横截面记为 Li03；塑料（$\varepsilon_{ob} = 0.87$），横截面记为 Li04。圆筒整个表面的温度是固定不变的，因为里面装满了温度约为 80℃ 的水。实验中将以下测量参数写入红外相机中：$\varepsilon_{ob} = 1$；$T_{atm} = 24℃$（297.15K）；$\omega = 0.5$；$d = 0.6\ m$。然而，相机采集到的每种材料的温度明显不同。温度最高的是橡胶，因为橡胶是四种材料中发射率最大的。另一方面，也就解释了铝表面温度最低的是因为它的发射率也最低。

由于发射率的测量常常存在较大的误差，因此红外相机的标定具有重要的意义。这个问题将在第 4 章进一步讨论。接下来，介绍红外相机的基本信息，特别是测量相机。

2.4 红外测量相机

红外系统的基本部件是红外相机。由于大气在红外波段有两个良好的传输波段（2～5μm 的短波波段和 8～14μm 的长波波段），大多数探测器和红外（IR）相机自然地分为短波（SW）和长波（LW）器件。然而，有工作在近红外（0.78～1.5μm）的探测器（如量子和光电发射探测器），以及工作在远红外（20～1000μm）的探测器（如热探测器）。另一种分类是按照探测器类型：相机带有制冷探测器，包括制冷（冷却）单元，以及在环境温度下工作的非冷却探测器。直到 1997 年，所有生产的红外相机都配备了冷却至 -70℃（很少）～-200℃（最常用）的探测器。制造商提供用于温度测量的红外测量相机（由制造商标定）和仅显示近似温度场伪彩色图像的红外成像相机。成像相机更便宜，所以最为常见，例如边境官员或警察用于夜间监视的设备。

红外相机的探测器分为：点（单元）探测器、线阵探测器、面阵探测器（FPA、焦平面阵列），如 640×480 个单元探测器（像素）。

具有单个探测器或检测器标尺的相机有时分别称为点（单）扫描仪或行扫描仪。这种相机温度场的图像是由旋转镜、摆动镜或扫描棱镜构成的光学机械扫描系统产生的。欧洲 PAL 制式的扫描频率通常为 25 Hz 或 50 Hz，美国 NTSC 制式为 30 Hz 或 60 Hz。

单元探测器相机在连续的时刻逐点构建观测区域的图像，到达探测器的辐射被转换成电信号，该信号与图像中各个点的辐射出射度成正比。信号经过放大，并同步传输到运动扫描显示器上，在显示器上创建温度场图像（热像图）。自从第一台照相机问世以来，这一工作原理已经使用了 20 年。系统只有一个探测器，它的特性决定了扫描仪的类型及其热分辨率和空间分辨率，即它能够区分两个相邻点的温度和一幅温度图中像素的数量。单元探测器扫描相机具有独特的计量性能，一幅热像图的所有点都有相同的参数，因为每个点的温度都是由同一个探测器测量的。这在检测均匀物体两点处的温差时特别重要。这样的相机可以在每次测量前更好地进行自校准，例如补偿探测器灵敏度的变化或电流电性放大的变化。当然，也更容易设计和制造出没有光学或能量畸变的镜头。

探测器和线扫描相机标尺的构建（图 2.9（c））是热成像系统发展的下一步。系统有一个扫描单元，垂直或水平取决于探测器的标尺安装方式。

1993 以来，红外相机越来越多地配备了焦平面阵列探测器，如一个典型的 640×480 阵列（矩阵）是由 307200 个独立的探测器（像素）组成的。RO-IC 读出系统每秒读取每个像素 25（50）次（欧洲 PAL 制式）或 30（60）次（美国 NTSC 制式）。阵列读出频率在手册中以"图像频率"的形式给出。阵列可以包含不同数量的探测器。在带有阵列探测器的相机中，没有机械扫描部分，即像素矩阵通过相机光学系统直接"观察"目标对象（图 2.10）。阵列探测器的快速发展使得能够记录超快热过程的红外相机得以研发出来，并形成了一种新的红外热成像测量分支，称为超快热成像。目前，有一种红外系统能够每秒记录数百幅热像图。

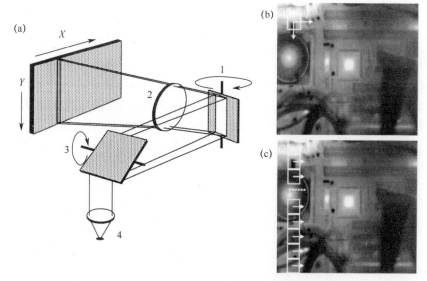

图 2.9 点（单元）探测器和线扫描仪创建温度图结构原理
1—水平偏转镜；2—光学元件；3—垂直偏转镜；4—点（单）探测器（b）或线阵探测器（c）。

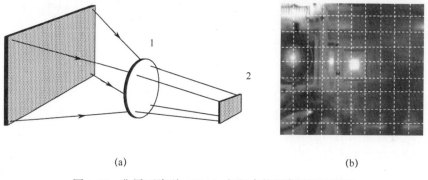

图 2.10 焦平面阵列（FPA）相机中的温度图记录原理
1—相机光学系统；2—探测器阵列。

红外相机发展到下一阶段的标志是 1997 年第一台采用微测辐射阵列非制冷探测器的相机问世。后来，由热释电探测器组成的非制冷阵列被制造出来，由于取消了机械扫描和制冷系统，改善了红外摄像机的工作参数，使其更轻、更可靠、工作速度更快。将探测器冷却到低温需要 10min 以上，而没有冷却器的相机，其工作温度稳定的时间则不超过 1min。

测量和成像用红外相机均具有许多描述其成像和测量特性的参数（ASTM E 12213，ASTM E 1311）。由于本书涉及红外热像仪测量的误差和不确定性，所以主要讨论红外测量相机的计量特性。如 Minkina（2004）、Chrzanowski

(2000)、Nowakowski（2001）等对红外相机的成像特性进行了详细描述。下面介绍当代红外测量相机最重要的参数。

2.4.1 噪声等效温差

噪声等效温差（NETD）表征被测物体的温度和环境温度之间的差异，且环境温度产生的信号电平等于噪音电平，它也被称为温度分辨率。NETD 定义为 RMS 噪声电压 U_n 与由技术黑体（或测试体）的测量区域温度 T_{ob} 和背景温度 T_o 之间的温差产生的电压增量 ΔU_s 之比，并除以该温差：

$$\text{NETD} = \frac{U_n}{\dfrac{\Delta U_s}{T_{ob}-T_o}} = \frac{T_{ob}-T_o}{\dfrac{\Delta U_s}{U_n}} \quad (\text{K}) \qquad (2.44)$$

技术黑体测量区域的温度通常为 30℃，背景温度为 22℃，与 $T_{ob}-T_o$ 的差值应在 5~10K 内，如图 2.11 所示。

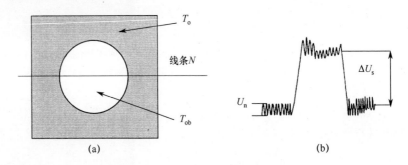

图 2.11 NETD 参数含义的解释

NETD 参数还有另一个相似的定义，即探测器观测到的 T_{ob} 和 T_o 之间的温差，这导致输出信号的变化等于探测器的噪声。NETD 是通过测量一个技术黑体区域来确定的，其温度 T_{ob} 接近背景温度 T_o（图 2.11（a））。图 2.11（b）则给出了成像图中沿线 N 的探测器的信号分析示例。当信号 U_s 等于噪声电平 U_n 时，就能够确定 NETD 的值。

在以上两种情况下，NETD 被定义为温度差的最小增量，或者是一个点（单元）探测器（或线阵或面阵探测器）在给定的放大器带宽下可以区分 T_{ob} 与 T_o 之间的最小温差。根据 Bielecki 和 Rogalski（2001）的理论，缩小放大器带宽会导致噪声电压的降低（即 NETD 的降低），但另一方面，它同时会降低空间分辨率（如扫描速度不变的情况）。具有稳定温度 T_{ob} 的圆形或矩形测试体也可用于测量 NETD，而并非需要专门的黑体。但是，所提出的 NETD 定义没有考虑到物体的大小、人类的生理学感知或显示系统的特性。因此，为了更好地理解如何评估 NETD 参数，给出了一个基于 Minkina（2004）工作的案例。

例2.5 两种红外系统噪声特性的比较

下面确定其中具有较小的噪声电平 U_n 的红外系统。假设两个相机的探测器信号增量 ΔU_s 相同,背景温度为22℃。相机技术规格书中的 NETD 系数值如下:

对于 $T_{ob1} = 30℃$,$NETD_1 = 0.1K$;

对于 $T_{ob2} = 50℃$,$NETD_2 = 0.2K$。

根据式(2.44),可得

$$U_n = \frac{NETD}{T_{ob} - T_o} \Delta U_s \tag{2.45}$$

因此,

$$\begin{cases} U_{n1} = \dfrac{NETD_1}{T_{ob1} - T_o} \Delta U_s = \dfrac{0.1 \cdot \Delta U_s}{8} = 0.0125 \cdot \Delta U_s \\ U_{n2} = \dfrac{NETD_2}{T_{ob2} - T_o} \Delta U_s = \dfrac{0.2 \cdot \Delta U_s}{28} = 0.007 \cdot \Delta U_s \end{cases} \tag{2.46}$$

由此可以得出结论,相机2的噪声电压更小,尽管它的 NETD 系数更大($NETD_2 > NETD_1$)。

在 www.vigo.com.pl 上可以找到测量 NETD 的简化方法。对相机的第一个测量范围进行测量,并设置被测对象的温度 T_{ob},使其处于该测量范围的中间。假设物体的温度是已知的、恒定的、均匀的,在记录的热像图中,选择一条穿过物体几何中心的温度分布轮廓线,如图2.11(a)所示,并在这条线上找到平均温度恒定的区间。如果分别用 T_{max} 和 T_{min} 表示该区间内的最高和最低温度,则 NETD 可以确定为

$$NETD = \frac{T_{max} - T_{min}}{2} \quad (K) \tag{2.47}$$

应该在图2.11(a)中多选取几条线进行重复测量,也可以选择平均温度分布恒定的热像图区域。NETD 为这些测量值的平均结果。

为了确定 NETD 对温度 T_{ob} 的相关程度,测量时应该先设置在相机测量范围的下限附近,然后再设置在相机测量范围的上限附近分别进行。图2.12所示为采用量子阱探测器(QWIP)的相机 FLIR SC 3000 的 NETD 与 T_{ob} 之间的关系。

图2.13(a)和图2.13(b)则比较了短波和长波红外相机的类比图。图2.13(a)中,假设两种相机的 NETD = 100mK,T_{ob} = 30℃。研究结果表明:NETD 对 T_{ob} 具有显著敏感性,特别是对短波红外相机而言。这说明 NETD 值越大,相机的灵敏度越低。因此,在红外相机的技术数据中,NETD 参数也称为

"热灵敏度"或"温度分辨率"。温度分辨率的目录值应该与评价 NETD 的 T_{ob} 值一起给出。不同类型相机的温度分辨率具有以下典型值。

10～30mK：适用于专为研究和开发而设计的带量子阱探测器的相机。

50～100mK：适用于红外测量相机。

＞200mK：适用于红外成像相机。

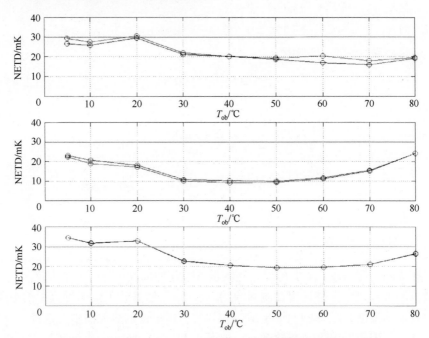

图 2.12　具有量子阱探测器的 FLIR SC 3000 相机的温度分辨率 NETD 与 T_{ob} 的关系（通过一系列测量获得）

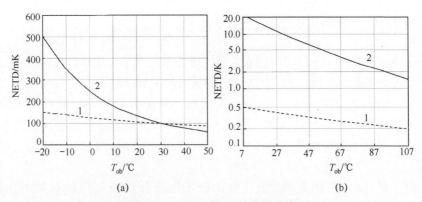

图 2.13　NETD 与 T_{ob} 的典型曲线

(a) 1 为长波相机，2 为短波相机（红外手册 2000 版）；

(b) 带滤光片的 Inframetrics 760 BB 相机，1 为工作在长波 8～12μm，2 为工作在中波 3～5μm。

评价温度分辨率的方法尚未形成标准。因此，发表在技术文献中的 NETD 值可以用不同的方法进行评估，因此不具备可比性。NETD 是评价红外相机计量性能最常用的参数之一。结果，较差的相机可能有较好的（即较低的）NETD 值，以达到营销的目的。该参数可由相机制造商自由使用，用来评估相机的计量性能。

应该注意的是，如果探测器的归一化探测率的光谱特性是已知的，则可以从理论上评估 NETD 参数。然而，这是一个更深入的问题，超出了本书的范围。

2.4.2 视场

视场（FOV）决定了通过使用相机上的光学系统可以在给定的距离 d 下观察到的面积。该参数同样决定了红外测量相机的空间（几何）分辨率。FOV 的定义单位是米（m），决定水平（H）和垂直（V）方向上的分辨率。对于 24°×18° 光学系统，FOV 作为距离 d 的函数，其典型值见表 2.2。利用 FOV 计算光学系统参数的方法如下：

$$\begin{cases} H = d \cdot \sin 24°(\mathrm{m}) \\ V = d \cdot \sin 18°(\mathrm{m}) \end{cases} \tag{2.48}$$

表 2.2 对于 24°×18° 光学系统视场（FOV）与距离 d 的关系

d/m	0.50	1.0	2.0	5.0	10	30	100
H/m	0.20	0.41	0.81	2.0	4.1	12	41
V/m	0.15	0.31	0.62	1.5	3.1	9.3	31

2.4.3 瞬时视场

瞬时视场（IFOV）决定了阵列中单个探测器（像素）的 FOV。从实用的角度看，应该称它为"最小视场"。它是决定测量红外相机空间（几何）分辨率的另一个参数。在技术数据中，它被称为"空间分辨率"。例如，对于具有 24°×18° 光学视场的相机，在距离 $d=1\mathrm{m}$ 时，其 FOV $H×V$ 为 0.41m×0.31m（见表 2.2）。若相机有 320×240 探测器阵列，则单个探测器 $H_{\min} \times V_{\min}$ 的 FOV 为

$$\frac{0.41}{320} \times \frac{0.31}{240} = 1.3\mathrm{mm} \times 1.3\mathrm{mm}$$

这意味着，在 1m 的距离，这样的相机可以识别细节，如局部大小为 1.3mm×1.3mm 过热的区域。很明显，它能够探测到小范围内的过热，但在这种情况下，测量到的温度会被低估。IFOV 参数与距离成正比，因此在上面的例子中，对于 $d=10\mathrm{m}$，IFOV 将是 13mm×13mm。

另一种评估 IFOV 的方法是基于确定单个探测器的照度角 α_{rad}（单位为弧度）：

$$\alpha_{radH} = \frac{24\pi}{180 \times 320} = 0.0013 \text{ (rad)} \tag{2.49}$$

$$\alpha_{radV} = \frac{18\pi}{180 \times 240} = 0.0013 \text{ (rad)} \tag{2.50}$$

因此，$H_{min} = d \cdot \sin(0.0013) = 1.3$（mm），$V_{min} = d \cdot \sin(0.0013) = 1.3$（mm）。

换句话说，IFOV 是单个像素通过相机光学系统"观察"到的区域，它决定了被测物体尺寸的绝对下限。相机的空间分辨率取决于应用的光学和阵列中探测器（像素）的数量。光学照度角越小，像素越多，相机的空间分辨率越好（即可以观察到的物体越小）。然而，阵列探测器的像素尺寸和小角度透镜（即较小的 FOV）的生产有着明显的限制。

相机的空间分辨率通常用毫弧度（mrad）表示。例如，如果技术数据指明某个 24°×18° 的光学系统的空间分辨率为 1.3mrad，则该参数为根据式（2.49）和式（2.50）计算出的单个探测器（像素）的 IFOV（H_{min} 和 V_{min}）。

图 2.14（a）和图 2.14（b）对这种情况做了更详细的分析。图中显示了两种阵列探测器受到小尺寸物体辐射的情况。在图 2.14（b）中，物体的照射至少完整覆盖一个探测器像素，而在图 2.14（a）中，物体的照射没有完整覆盖任何一个探测器像素。从图 2.14（c）和图 2.14（d）中可以看出，远距离测得的锚钳最高温度（图 2.14（c））低于近距离测得的锚钳最高温度（图 2.14（d）），这是由于当物体位于更靠近相机的位置时，能够完全照射阵列中的一个或多个探测器像素。当物体温度高于背景温度时，如果没有任何探测器像素被完整辐射覆盖，则物体的温度将被低估。否则，当背景温度高于物体温度时，物体的温度就会被高估。"瞬时"一词意味着满足 IFOV 的参数要求就足以使探测器在理论上只在某一时刻进行正确的照射，并实现理想的电子和光学转换。在空间域中，"瞬时"表示探测器对物体辐射发射的点响应。图 2.14（c）和图 2.14（d）中的符号有以下含义：

（1）IRmax——整个热像图区域的最高温度，即从阵列中所有探测器的示值中选择的最大示值。

（2）ARmax——热像图中所选区域内的最高温度（图中用矩形标记），即从所选区域内探测器的示值中选择的最大示值。

在图 2.14（c）和图 2.14（d）中，IRmax = ARmax，这表明对热像图中最高温度的定位是正确的。从图 2.14（b）可以得出结论，为了正确测量点温度，物体应该至少照射一个 2×2 像素的区域（其中至少有一个探测器像素被完全照射）。实践中，如果物体的形状不是正方形或矩形的，这可能还不够。另外，每一个实际的光学系统都会使图像失真，如，由于色差、球面像差和光学系统的许多其他缺陷而产生的失真等（图2.15）。这些失真的原因可以用点扩展函数（PSF）来描述，其中一个较为常用的模型如下：

$$\text{PSF}(x,y) = \exp\left(-\frac{x^2+y^2}{2\sigma^2}\right) \quad (2.51)$$

式中：σ 为确定光学系统（空间分辨率）点响应的参数，单位为 mrad，其典型值如下。

(1) $\sigma=0.5$ mrad，适用于空间分辨率较好的测量相机。

(2) $\sigma=1.0$ mrad，适用于空间分辨率较差的成像相机。

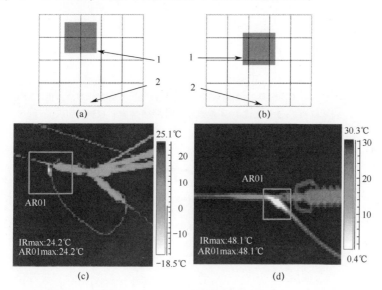

图2.14 阵列探测器对小尺寸物体（高压线锚支架桥连接用的锚夹）的成像，可做正确的温度测量
(a) 没有一个探测器受到完整辐射；(b) 至少有一个探测器已完全辐照（1—目标，2—阵列探测器）；(c) 远距离——约40m（光学和数字变焦）下记录的箝位热像图；(d) 近距离——约7m记录的箝位热像图（仅数字变焦）。

狭缝响应函数（SRF）是一个类似于 IFOV 的参数，描述的是带有阵列探测器的相机测量小尺寸物体温度的能力。

图2.16中，通过垂直狭缝观察温度为 T_{ob} 的黑体时，可出现3种情况。由单个探测器"看到"的黑体表面区域用 IFOV 表示。温度 T_{ob} 与探测器发出的信号 s_{ob} 相对应。测量场逐渐被温度为 T_o 的隔板覆盖，T_o 对应探测器发出的信号为 s_o。s_{ob} 值随着狭缝宽度 δ 的减小而减小。

图2.16（a）为式（2.49）和式（2.50）定义的单元探测器特性，曲线如图2.17所示（作为照射角 α_{rad} 的函数）。α_{rad} 的值约等于狭缝宽度 δ 与物像距离 d 的比值。图2.17（a）中的曲线1描述的是理想系统，曲线2则是真实情况（考虑到相机的光学和电子系统都不可能理想化）。

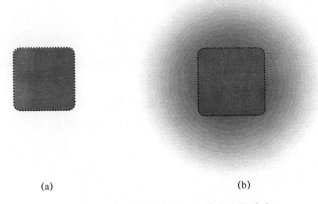

图 2.15 正确测量所需辐照区域大小的确定

(a) 理想光学系统——需要辐照 2×2 像素探测器面积；(b) 实际光学系统，由于图像模糊，需要辐照 3×3 像素或 4×4 像素（有时 5×5 像素）探测器面积。

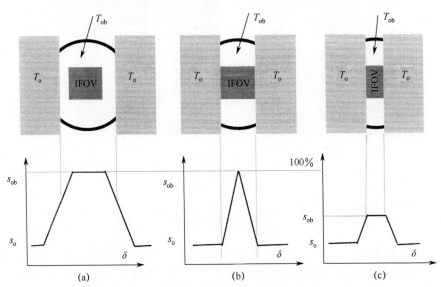

图 2.16 探测器的响应信号 s_{ob} 与狭缝宽度 δ 的关系（物体的大小等于 IFOV）

图 2.17（b）所示为测量相机（曲线 1、2）和成像相机（曲线 3）单元探测器照射角与探测器狭缝响应真实调制特性之间的对比。可以看出，对于一个狭缝响应函数比较陡的测量相机，50%调制对应的角度 α_{rad} 值要小得多。考虑到在讨论 IFOV 参数时所做的说明，可以得出结论，即调制函数值越大，则温度读数越准确。例如，调制函数值等于 90%表示探测器的信号小了 10%，也就是说，示值温度被低估了 10%。但是这个误差太大了，以至于不可接受。通常，调制函数的可接受值不应小于 98%，在图 2.17（b）中对应的是测量相

机的 $\alpha_{rad} = 5 \sim 8\text{mrad}$（特性曲线 1、2），成像相机的 $\alpha_{rad} = 15 \sim 20\text{mrad}$（特性曲线 3）。上述关于狭缝响应函数调制特性的论述，验证了之前的结论，即为了保证在给定空间分辨率下相机对由 IFOV 参数决定的温度测量的准确性，待测物体的尺寸不应小于 3×3 像素 $\sim 5 \times 5$ 像素的 IFOV。

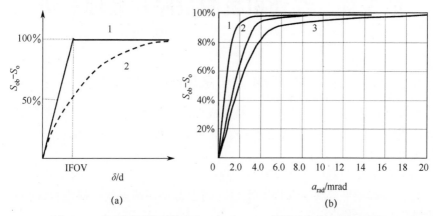

图 2.17　单元探测器照射角 α_{rad} 与 $S_{ob} - S_o$ 信号差之间的调制特性

（a）总体情况（1 为理想相机，2 为真实相机）；（b）典型特性（1、2 为测量相机，3 为成像相机）。

上述参数对红外热像仪的精确测温具有重要意义。测量路径中另一个非常重要的组成部分是处理测量信号的微控制器。它实现了一种程序算法，而程序算法则又是在测量数学模型的基础上编制而成的。在第 3 章中，将详细讨论测量路径处理的算法和红外热成像测量的广义数学模型。

第3章　红外相机测量路径处理算法

3.1　红外相机测量路径中的信息处理

红外相机测量路径的处理算法是热成像法测量不确定度估计的重要方法，该算法决定了如何从探测器的信号中获取测量数据。红外相机测量路径中的信号处理可分为以下3步：

(1) 阵列探测器中红外辐射的检测；

(2) 阵列校准或映射（即对来自阵列中各个探测器的信号进行线性化和温度补偿）；

(3) 根据合适的测量模型，通过相机测量算法对补偿后的信号进行处理。

不管是扫描仪还是红外相机，热像仪测量路径上的第一个元件都是红外探测器。

3.1.1　红外探测器

Rogalski 及其同事（Bielecki and Rogalski (2001), Rogalski (2000), Rogalski (2003)）将红外探测器分为热探测器和光子探测器。通常也会将探测器分为制冷型和非制冷型（在环境温度下工作）。直到1997年，市场上所有的红外相机都配备了能够冷却到 $-70℃$（很少）~ $-200℃$（常见）的探测器。另一种根据探测器的结构进行分类，可将其分为单元、线阵或阵列（焦平面阵列，FPA）探测器。阵列探测器是矩阵，如由 640×480 个单元探测器（像素）组成的阵列探测器已成为当今的标配。

众所周知，大气传输很大程度上依赖于辐射波长（图3.1）。因此，红外设备工作在传输能力最大（最小的吸收）的波段。这样工作波段就成为另一个划分标准，其中有两个传输能力最好的红外波段，因此传统上两类探测器最为常见：工作在 $2 \sim 5 \mu m$ 波段的短波（SW）探测器和工作在 $8 \sim 14 \mu m$ 波段的长波（LW）探测器。

红外探测器的制造是目前迅速发展的一个技术分支。每年都有数百份关于这个领域的原始出版物、调查和专利。下面列出了热探测器的基本类型。

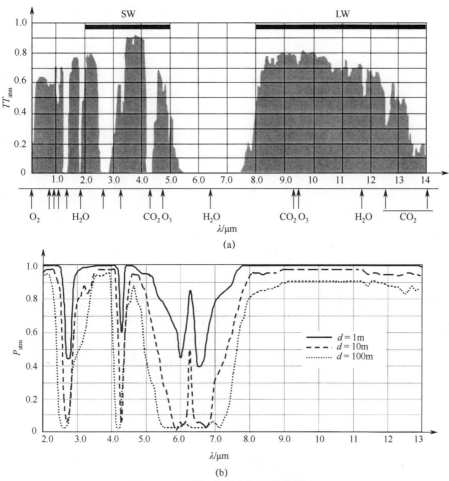

图 3.1 不同条件下大气光谱透射率

(a) 红外辐射穿过一层"厚度" $d=1.5\mathrm{km}$ 地球大气层的光谱透射率 TT_{atm}(具有最常见气体的吸收带);
(b) 不同相机与物体距离 d 下大气透过率 TT_{atm} 的变化。

测辐射热探测器是一种具有非常小的热容和非常大的负温度系数电阻率的电阻。与热敏电阻的情况一样,该系数被确定为

$$\alpha_{\mathrm{T}} = \frac{1}{R_{\mathrm{T}}} \frac{\mathrm{d}R_{\mathrm{T}}}{\mathrm{d}T} = -\frac{B}{T^2} \tag{3.1}$$

测得的红外辐射改变测辐射热探测器的电阻。金属测辐射热计由薄箔或镍、铋或锑的蒸发层制成,至今仍在使用,它们可以在室温下工作。此外,还生有半导体、超导体和铁电测辐射热计。

非制冷阵列探测器(测辐射热计)的单个像素结构如图 3.2 所示。探测器吸收波长 $\lambda = 8 \sim 14\mu\mathrm{m}$ 的红外辐射。微电桥由固定在硅基体上的两个金属引脚支撑,该引脚同时作为温度计与 ROIC 系统的连接器工作,该微电桥含有

一层薄薄的（0.1mm）氢掺杂的精细合成非晶硅层。该薄层就像一个灵敏度为 $2.5\%K^{-1}$ 的温度计，它不会显著地吸收辐射。辐射则被极薄（8nm）的氮化钛反应沉积膜吸收。隔热层（约 $1.2\times10^7 K\cdot W^{-1}$）将温度计与信号读出电路隔离。位于 ROIC 表面的反射器（铝层）的作用是将穿透微电桥的红外辐射反射回温度计。图 3.2 所示的单个像素的尺寸为 $50\mu m$。阵列探测器是一个 256×64 像素的矩阵。信号读出是通过将每个像素复用到 ROIC 系统中实现的。整个读取周期需要 40ms。PAL 信号的读出频率为 25Hz 或 50Hz（欧洲标准），NTSC 信号的读出频率为 30Hz 或 60Hz（美国标准）。

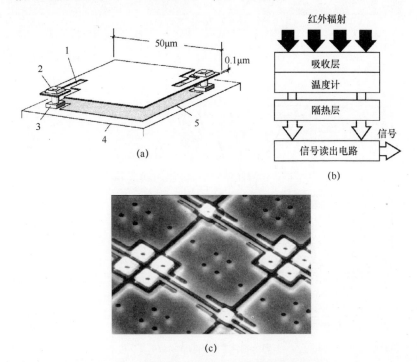

图 3.2　测辐射热探测器工作原理及实物图
(a) 单个像素的结构（1—隔热层截面；2—金属销；3—ROIC 电路金属垫圈（读出集成电路）；4—ROIC 电路；5—反射层）；(b) 信号处理框图；(c) 扫描电子显微镜下的图像

微测热探测器在室温（即 $\approx300K$）下工作，用帕耳贴冷却器稳定。因此，与本章后续描述的冷却到低温的探测器相比，它们被称为非制冷探测器。从 20 世纪 90 年代中期开始生产，目前应用非常普遍。

热电堆探测器被构建为一个热电堆，这是一个由热元件串联而成的系统。测量结连接到被红外辐射照亮的光敏元件上。由于吸收了辐射，活性表面的温度从 T 上升到 $T+\Delta T$，并且测量结被加热。测量结温差产生的热电势为

$$E = k(T_1 - T_o) \tag{3.2}$$

式中：$T_1 - T_o$ 为测量结的温差（K）；k 为热电系数（μV K^{-1}）。

热释电探测器是由具有热释电效应的半导体制成的。在居里温度 T_C 以下（图 3.3），探测器温度的任何变化都会导致其表面电荷的变化，从而产生可由 ROIC 电路测量的电流。

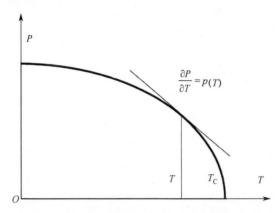

图 3.3　热释电探测器自发极化 P 与温度 T 的关系

热释电效应通过热释电系数 $p(T)$ 进行表征，即材料极化率 P 与探测器温度 T 之比。通过增加电场，热释电效应可以增加到与介电常数 $\mu(T)$ 成正比的值（与温度相关）。这就是"热释电效应场放大"或"测辐射热的铁电效应"。热释电系数 p 为

$$p = p_o + \int_0^E \frac{\partial \mu}{\partial T} \cdot dE \tag{3.3}$$

式中：p_o 为无极化条件下的热释电系数；μ 为绝对介电常数（F/m）；E 为电场强度（V/m）。

热释电探测器对温度变化速率敏感，而对温度变化本身不敏感。这是它们区别于其他热探测器的一个特性。因此，在带有热释电探测器的红外相机中，必须使用以 25（30）Hz 或 50（60）Hz 频率振动的特殊膜片来比较相邻两个探测器（像素）的入射辐射电平。如果辐射强度出现差异，就会产生一个表示这种差异的信号，否则探测器不响应。这就是为什么热释电探测器常用作运动传感器的原因。它们也被制成非冷却探测器。

光子探测器是第二种红外探测器，它们又可分为以下子类型。

光电导探测器（光敏电阻或光敏电池）是一种具有内部光电发射的探测器。落在光敏电阻上的红外辐射改变了它的电阻。电导率的变化通过连接到探测器板上的触点测量。通常采用光敏电阻的横向几何结构，其中入射辐射垂直于极化电流的方向。与探测器串联电阻的电压降的变化是被测信号。对于高阻值探测器，最好采用恒压电路。被测信号是探测器电路中的电流。

光伏探测器也是一种内部光电发射探测器。它是由内置势垒的结构构成

的。当冗余载流子被注入阻挡层附近时，会发生光伏效应。势垒可以是带有 p-n 结或肖特基结的光电二极管。

光电发射探测器是一种具有外部光电发射的探测器。在这种情况下，电子通过入射光子从光电阴极材料中射出并向外发射。光子被沉积在特殊基底上的光电阴极材料吸收，该基底对入射辐射通常是透明的。

量子阱探测器是美国电话电报公司（AT&T）在 20 世纪 90 年代初开发的，它们是由薄层的砷化铝镓（AlGaAs）和砷化镓（GaAs）构成的。为确保处于最佳工作状态，需要将其冷却至 -203℃（≈70K）的温度，高于典型制冷探测器要求的 -196℃（≈77K）。用于冷却的是杜瓦瓶中内置的斯特林制冷器。量子阱探测器是目前最敏感的红外探测器，温度分辨率为 20~40mK，因此主要用于要求很高的科学研究。它们在长波波段的窄带（如 1μm 宽）中具有最好的光谱探测能力，如 8~9μm。这类探测器的另一个特征是阵列中各个元件（像素）具有相对较高的均匀性。可以用 14 位分辨率（即 $2^{14}=16384$ 量化级别）的模/数转换器记录图像。

表 3.1 所列为光子探测器的基本特性。

表 3.1 光子探测器的基本特性

探测器类型	载波激励	电信号	探测器示例
本征型	带间	光电导率	Si, GaN, InSb, HgCdTe
		光电压	Si, InGaAs, InSb, HgCdTe
		电容	Si, InSb, HgCdTe
掺杂型	掺杂水平-波段	光电导率	Si:In, Si:Ga, Ge:Cu
自由载流子型	带内	光电发射	GaAs/CsO, PtSi
量子阱型	离散量子能级之间	光电导率	GaAs/AlGaAs
		光电压	InAs/InGaSb

由于红外辐射的检测是红外系统测量路径的第一个操作，因此确定探测器的特性如何影响测量精度是非常重要的。这种影响可以用适当的计量参数来描述。

3.1.2 红外探测器的计量参数

红外探测器的基本参数已经在专著 Rogalski（2000，2003）和 Breiter 等（2000，2002）、Tissot 等（1999）和 Minkina 等（2000）中描述过。下面讨论对红外相机测量路径的处理精度最重要的参数。

电压或电流（光谱）灵敏度定义为探测器输出电压（电流）一次谐波的均方根值 RMS 与入射辐射功率一次谐波的均方根值 RMS 之比。红外探测器的光谱灵敏度是指在规定温度（通常为500K）下对黑体辐射的灵敏度。

温度灵敏度是描述在物体温度 $T_{ob} = T_o$ 时，每单位温度变化所引起的信号变化的参数。

响应速率是由探测器时间常数决定的参数。典型的热探测器的时间常数从数毫秒到数秒（热释电、气动探测器），也就是说它们的速度相对较慢。最快的热探测器的频率限制不超过一千赫兹。光子探测器则要快得多，它们的极限频率达到数百兆赫。探测器的时间常数应尽可能小，以便能够记录快速甚至超快加热过程的热像图（超快热像图是热测量领域迅速发展的分支），用于快速记录的红外相机配有超快光子探测器。

噪声等效功率（NEP）是产生输出电压的波长为 λ 的入射单色辐射的 RMS 功率，其 RMS 值等于归一化到单位带宽的噪声电平。换句话说，它是在探测器输出端获得单位信噪比所需的辐射功率。NEP_λ 用 W 表示。由于 RMS 噪声电压与噪声带宽的平方根成正比，所以 NEP_λ 也定义为特定带宽，通常为 1Hz。这样定义的"每单位带宽 NEP"用 $W \cdot Hz^{-1/2}$ 表示。

归一化光谱探测率 D^* 定义为 NEP_λ 的倒数，它常用于比较和评价探测器计量性能的参数。计算方法为

$$D^*(\lambda, f) = \frac{\sqrt{F_d \cdot \Delta f}}{NEP_\lambda} \quad (cm \cdot Hz^{1/2} \cdot W^{-1}) \tag{3.4}$$

式中：F_d 为探测器的有效面积（cm^2）；Δf 为频率带宽（Hz）。

探测率 D^* 与探测器的单位表面积和单位带宽有关，它以 $cm \cdot Hz^{1/2} \cdot W^{-1}$ 表示。归一化探测率决定了对单位功率入射热辐射的频率带宽和探测器的有效面积进行归一化的信噪比。探测器的探测能力越大，使用频率的带宽越宽，探测器的性能越好。

美国 FLIR 公司和雷神公司生产的红外相机中所使用的阵列探测器示例照片如图3.4所示。

图3.4　FLIR 公司（(a) 具有热电稳定功能的非制冷微测辐射热计（帕耳贴元件），工作温度约为 +30℃）和雷神公司（(b) 512×512 ALADDIN Ⅲ；(c) 1024×1024 ALADDIN Ⅲ）相机的阵列探测器（FPA）

在使用阵列探测器的红外相机的测量路径中，信息处理的下一个阶段是对单个探测器（像素）的信号进行线性化和温度补偿，称为"阵列校准"或"映射"。

3.1.3 相机测量算法的信号处理

阵列探测器由多达几十万个像素的探测器组成。一般来说，每一个都有不同的工艺特性：

$$s_j = f(M_j) \tag{3.5}$$

式中：s_j 为输出信号；M_j 为辐射强度。

处理特性的扩展取决于阵列类型。如果打开相机，探测器没有校准，则这种状态可以通过图 3.5（a）所示的热像图来说明。所记录的热像图对应于图 3.5（b）所示的一组像素探测器的静态处理特性。为了进行正确的测量，探测器需要校准到相同的输入/输出特性（图 3.5（c））。每次开机时自动校准，按下列三步进行。

步骤Ⅰ：将所有像素静态特性的垂直范围调整到相同的区间 Δs（图 3.5（b）），对应相机 ROIC 电路中使用的模/数转换器的范围（典型的分辨率是 12 位或 16 位）。

步骤Ⅱ：特性曲线斜率系数 α_j 的均衡化（图 3.5（b））。

步骤Ⅲ：将所有静态处理特性校正为相同的特性（图 3.5（c）），使给定相机测量范围 $T_1 \sim T_2$ 的中点对应于模/数转换器测量范围 Δs 的中点。

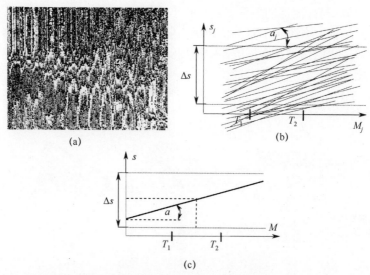

图 3.5　未校准相机的热像图和像素探测器的静态处理特性校准 $s_j = f(M_j)$（M_j 为第 j 个探测器的辐射出射度；s_j 为第 j 个探测器的输出信号）

相机微控制器根据 3.2 节描述的测量模型，将校准后的探测器阵列的信号

s 值重新计算为温度 T。为此，有必要评估校准常数 R、B、F，对这些校准常数的评估是针对相机的每个部分单独进行的。这个过程将在 4.2 节介绍。

为了评估被观察对象的温度，微控制器对每个像素进行温度补偿，目的是消除相机的自身热辐射、探测器的参考温度以及上述处理特性的线性化等影响（图 3.5）。采用式（3.6）进行补偿：

$$\text{absPixel} = \text{globalGain} \cdot \text{LFunc}(\text{imgPiexl}) + \text{globalOffset} \tag{3.6}$$

式中：absPixel 为补偿后的像素值；LFunc 为参数 imgPixel 的特性处理线性化函数值；imgPixel 为补偿前的像素值（"原始"像素值）；globalGain 和 globalOffset 均为常数，对应于测量路径中仪表放大器的参数。

线性化函数 LFunc 基于两个系数：Obas 为非线性转换中使用的基本偏移量；L 为校准常数线性化原始像素值。函数 LFunc 定义为

$$\text{LFunc} = \frac{p - \text{Obas}}{1 - L \cdot (p - \text{Obas})} \tag{3.7}$$

式中：p 为原始像素值。

除了对每个像素的温度进行评估外，处理算法的另一个重要任务是将记录的温度图显示为彩色图像。为了获得温度场的图像，相机执行一个成像程序，该程序将温度读数赋给由颜色地图（调色板）定义的值。成像算法必须在相机和个人计算机上的热像图处理软件中进行这样的颜色分配。下面介绍在原始 TermoLab 软件中使用的彩色成像算法，该算法与 FLIR 公司生产的相机一起工作。

TermoLab 软件是一个热分析系统，其算法使用存储在热像图文件（*.img）中的辐射数据，由相机微控制器以 AGEMA 或 FLIR 公司精心设计的特殊格式（AFF、AGEMA 文件格式）创建。AFF 文件包含一个 16 个值的表格，这些值描述了热像图中颜色的分布。两种着色算法如图 3.6 和图 3.7 所示，第一种等温着色算法在相机内部使用，第二种直方图着色算法在 TermoLab 软件中使用。

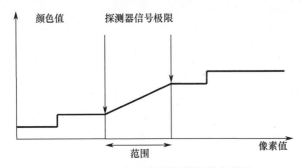

图 3.6　FLIR 相机使用的等温着色算法

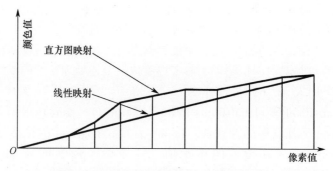

图 3.7　FLIR 相机使用的直方图着色算法

直方图着色算法基于存储在 *.img 文件中的一个表，该表定义了在 16 个连续区间值的分配由算法决定。在对从热像图文件读出的表进行变换之后，计算每个间隔的颜色数。接下来，使用赋值算法对每个像素进行过滤，该算法能够计算颜色映射表（着色表）中相应的索引。最后一步是从颜色映射表中读取与计算的索引相对应的温度值。因此，每个像素的温度值都由使用的颜色映射表中定义的颜色表示，这些像素就会产生一个热像图，显示在相机或计算机显示器上。图 3.8 所示为 4×4 阵列探测器采用不同颜色映射表成像的放大图像示例。在更小的真实尺度上，像素给人一种连续图像的印象。适当选择颜色映射可以产生许多可能性，如可以创建代表不可见波段辐射的图像（如紫外线、红外线、X 射线等），但是应该记住颜色仍是常规的。这种成像方法称为"伪彩色化"，因为所选的几组颜色实际上与测量值或人类感知到的颜色并不相关。

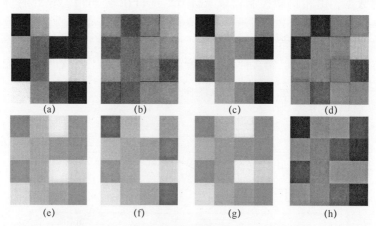

图 3.8　不同颜色映射表成像的放大图像示例

(a) 灰度；(b) 冷；(c) 热；(d) HSI（色调饱和强度）；(e) 春；(f) 夏；(g) 秋；(h) 冬。

以 RGB（红、绿、蓝）色图为例说明伪彩色化的方法。中间的颜色是由

三种基本色配以适当权重产生的，即颜色 K 可表示为
$$K = r \cdot R + g \cdot G + b \cdot B \tag{3.8}$$
式中：r、g、b 分别为三种基本色的权重。

使用 RGB 分量表示图像，需要三个存储权重 r、g、b 的矩阵。每个权值以及它们的和可以是一个 $0 \sim 1$ 的值。计算机系统存储整数值比较容易，因此权重由 1 字节（即 8 位）表示。这意味着每种颜色分量表示 $2^8 = 256$ 个色调。一般来说，3 字节，即 24 位 RGB 格式可以表示 $(2^8)^3 = 256 \times 256 \times 256 = 16777216$ 种颜色。还有使用 32 位进行颜色编码的扩展 RGB 格式。在 8 位灰度中，颜色分量的权值是相等的，即 $r = g = b$，因此可以表示 256 种灰度。

大多数热像图处理软件，如上面的 TermoLab 软件包，允许用户定义颜色映射关系。然而，颜色的选择必须考虑到一些颜色有额外的含义，如红色用于警告。因此，应该再次强调热像图像（来自阵列探测器的数据矩阵）和图像（使用颜色图或灰度图的数据图形表示）之间的区别。

除了灰度图，下列精确定义的颜色图最常用于热成像，包括彩虹（rainbow）、彩虹 10（rainbow10）、铁红（iron）和铁红 10（iron10）等，其中数字 10 表示该软件仅使用 10 种色度来显示给定颜色图的温度图。其他彩色图则很少使用，如辉光（glowbow）、灰红色（grayred）、医学（medical）、中等绿（midgreen）、中等灰（midgray）或黄色（yellow）等。

热像图的另一种表示形式是三维图形。在第三维中，坐标的高度与相应像素的温度成正比。与三维热像图上的像素等价的是体素（体积像素）。三维演示对于热过程的定性评价更为有用，额外的维度也可以表示时间。当温度快速变化时，这是非常有用的，但是很难在一系列测量中采集的大量热像图上研究这些变化。

热像图的尺寸（以像素为单位）可以大于探测器阵列的原始尺寸，这是由于存在可以产生更大矩阵的插值处理算法或考虑近边温度阻尼模型的亚像素处理算法。对数字热像图处理的详细讨论超出了本书的范围，关于这一主题的更多信息可以在 Nowakowski（2001）的书中找到。

红外系统测量路径算法的最后一步是将经过补偿的信号处理成物体表面温度值。这种处理的基础是红外相机测量的数学模型。红外系统温度评价的准确性很大程度上取决于所采用的测量数学模型的误差。3.2 节专门讨论这个问题。

3.2 红外相机测量的数学模型

红外相机测温的基础是物体的热辐射理论。温度测量的数学模型有必要考虑以下到达红外探测器的热辐射通量。

(1) φ_{ob}：被测对象发射的热辐射通量。

(2) φ_{refl}：从环境发射并由被测对象反射的热辐射通量。

(3) φ_{atm}：大气发射的热辐射通量。

(4) 相机的光学元件和滤光片发出的热通量（最近的模型认为它对测量的影响是微不足道的）。

这些热辐射通量表示为

$$\varphi_{ob} = \varepsilon_{ob}(T_{ob}) TT_{atm}(T_{atm}) M_{ob}(T_{ob}) \quad (3.9a)$$

$$\varphi_{refl} = [1 - \varepsilon_{ob}(T_o)] \varepsilon_o(T_o) TT_{atm}(T_{atm}) M_o(T_o) \quad (3.9b)$$

$$\varphi_{atm} = [1 - P_{atm}(T_{atm})] M_{atm}(T_{atm}) \quad (3.9c)$$

式中：ε_{ob} 为物体表面的波段发射率；ε_o 为周围环境的波段发射率；M_{atm}、M_{ob}、M_o 分别为大气、物体和环境的辐射出射度（W/m^2）；TT_{atm} 为大气波段透射率；T_{atm}、T_{ob}、T_o 分别为大气、物体和环境的温度（K）。

图 3.9 所示为红外相机测量辐射通量的相互作用。

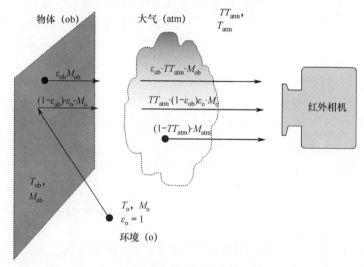

图 3.9 红外相机测量辐射通量的相互作用

相机探测器的输出信号可表示为

$$s \approx C(\varphi_{ob} + \varphi_{odb} + \varphi_{atm}) \quad (3.10)$$

式中：参数 C 取决于大气阻尼、相机的光学组件和探测器特性。

根据式（3.9）和式（3.10），测量模型可以表示为

$$s = \varepsilon_{ob} \cdot TT_{atm} s_{ob} + TT_{atm} \cdot (1 - \varepsilon_{ob}) s_o + (1 - TT_{atm}) s_o \quad (3.11)$$

式中：s 为到达探测器的总热辐射强度对应的探测器输出信号；s_{ob}、s_o 分别为环境温度下物体热辐射强度、黑体热辐射强度所对应的探测器输出信号。

信号 s_o 可表示为

$$s_o = \frac{R}{\exp(B/T_o) - F} \tag{3.12}$$

式中：R、B、F 为与相机标定特性相关的常数，详见4.2节。

由式（3.11）和式（3.12），可以推导出所研究对象辐射通量密度对应的探测器信号为

$$s_{ob} = s\frac{1}{\varepsilon_{ob}TT_{atm}} - \left[\frac{1-\varepsilon_{ob}}{\varepsilon_{ob}}\frac{R}{\exp(B/T_o)-F} + \frac{1-TT_{atm}}{\varepsilon_{ob} \cdot TT_{atm}}\frac{R}{\exp(B/T_o)-F}\right] \tag{3.13}$$

系数 TT_{atm} 与大气层对红外辐射的吸收有关，在这个方程中起着重要的作用。这种吸收是由水蒸气（H_2O）、二氧化碳（CO_2）和臭氧（O_3）分子产生的，这些化合物在大气中的浓度随天气、气候、季节或地理位置而变化。正如3.1节所述，其中存在一些红外辐射吸收较小的波段，称为大气窗口，能够通过它们实现红外热成像测量：短波窗口（2～5μm，大气窗 I）和长波窗口（8～14mm，大气窗 II）。因此，红外相机分为短波相机和长波相机。

甚至在实验室条件下也能观察到大气吸收，如图 3.1 所示，在 1～10m 的距离，由蒸汽和二氧化碳引起的大气吸收是明显的。在波长 $\lambda=4.3\mu m$ 的红外辐射吸收中，二氧化碳起着最重要的作用，它存在于呼出的空气中。例如，Rudowski（1978）指出，两个人在一个约 $40m^3$ 的密闭房间内 3h 后，呼出的二氧化碳浓度足以将距离 $d=0.8m$ 内波长 $\lambda=4.3\mu m$ 的辐射的 70% 吸收掉。

根据红外相机采用模型的不同，有好几种不同的大气传输模型，如 FAS-CODE、MITRAN、MODTRAN、PcModWin、SENTRAN、WATRA 等。例如，在 AGEMA 470 Pro SW 和 AGEMA 880 LW 系统中，制造商为 LOWTRAN 传输模型采用以下公式：

$$TT_{atm}(d) = \exp[-\alpha(\sqrt{d}-\sqrt{d_{cal}}) - \beta(d-d_{cal})] \tag{3.14}$$

式（3.14）中的系数值如下。

(1) 对于短波相机：$\alpha = 0.00393\ m^{-1/2}$，$\beta = 0.00049\ m^{-1}$。

(2) 对于长波相机：$\alpha = 0.008\ m^{-1/2}$，$\beta = 0\ m^{-1}$。

给定值是在大气温度 $T_{atm}=15℃$、相对湿度 $\omega\% = 50\%$ 的标准状态下确定的。在不同的条件下，大气透射率模型也会不同。对于 LW（1）和 SW（2），大气透射率 TT_{atm} 与物像距离 d 的关系如图 3.10（a）所示，这些关系可由式（3.14）经数值计算得到。可以看出：大气在长波红外波段具有更好的透射性。在 Pregowski（2001）的研究中也发现了非常相似的结果。

由 FLIR 为 ThermaCAM PM 595 LW 相机定义的大气透射率模型是三个变量的函数：大气相对湿度 $\omega\%$、物像距离 d 和大气温度 T_{atm}：

$$TT_{atm} = f(\omega\%, d, T_{atm}) \tag{3.15}$$

上述模型将用于后面进行的误差和不确定度分析。它实际上非常复杂，其

中包括9个经验系数。函数的显式形式（式（3.15））由相机制造商专有和保留，只供我们研究使用，所以不能在这里发表。将大气透射率 TT_{atm} 作为物像距离 d 的函数，然后采用式（3.15）的完整形式进行数值模拟，结果如图3.10（b）~（d）所示。

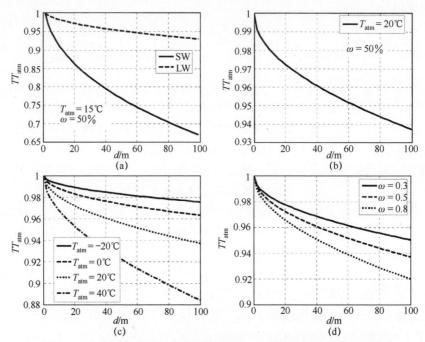

图3.10 不同传输模型下大气透射率 TT_{atm} 与物像距离 d 的仿真特性

(a) $T_{atm}=15℃$、$\omega\%=50\%$，采用式（3.14）的 LOWTRAN 模型，LW 和 SW 相机对比；
(b) $T_{atm}=20℃$、$\omega\%=50\%$，ThermaCAM PM 595 LW 相机采用式（3.15）的模型；
(c) $\omega\%=50\%$，ThermaCAM PM 595 LW 相机采用式（3.15）的模型；
(d) $T_{atm}=20℃$，ThermaCAM PM 595 LW 相机采用式（3.15）的模型。

必须强调的是，式（3.15）所描述的模型涉及 AGEMA 公司（如 900 系列）和 FLIR 公司（如 ThermaCAM PM 595 LW）生产的大多数红外相机。

图3.11 所示为 LW 和 SW 相机的大气透射率 TT_{atm} 随物像距离 d 变化的实验特性示例，对两个不同的相对湿度 $\omega\%$ 和三个物体温度 T_{ob} 值的情况进行测量。实验的目标是研究在给定条件下，物体温度如何影响其在红外中的"可见性"。

根据式（3.12）~式（3.15），目标温度可以表示为

$$T_{ob} = \frac{B}{\ln\left(\dfrac{R}{s_{ob}} + F\right)} \quad (K) \quad (3.16)$$

最后，红外相机测量模型定义为5个变量的函数，即

$$T_{ob} = f(\varepsilon_{ob}, T_{atm}, T_{ob}, \omega, d) \quad (K) \quad (3.17)$$

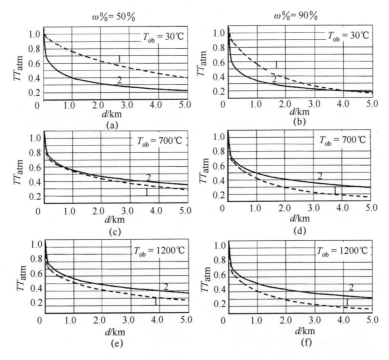

图 3.11 大气透射率 TT_{atm} 随物像距离 d、大气相对湿度 $\omega\%$ 和相机类型的目标"可见性"示例

1—LW 相机；2—SW 相机。

必须强调，上面导出的模型只是一个简化的模型。事实上，相机探测器不仅接收来自物体的辐射，而且还接收来自其他来源的辐射。图 3.12 可以解释这种简化。式（3.12）中出现的信号 s_o 与环境辐射强度成正比，与环境温度 T_o（式（3.12））有关，实际上是对来自温度为 T_{cl} 的云团、温度为 T_b 的建筑物、温度为 T_{gr} 的地面和温度为 T_{atm} 的大气等的辐射平均响应。所有这些辐射源的温度则略有不同。

上述对红外热成像测量现象的描述并不可能包括所有的测量情况，如研究对象可以位于炉腔、真空室或风洞中。在这种情况下，相机必须通过检查窗进行观察。该检查窗的材质必须在相机的工作带宽内是透明的（SW 为 2~5mm；LW 为 8~14mm）。为了能够对测量进行目视控制，检查窗也应该在可见光辐射带宽内是透明的，其他要求涉及机械强度（当窗户内外的压力不同时）或耐化学腐蚀或承受快速温度变化。检查窗用典型材料透射系数的光谱特性如图 3.13 所示。

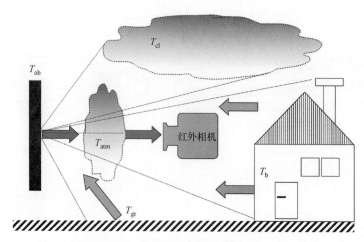

图 3.12 对式（3.17）中红外相机测量模型简化假设的解释（环境温度 T_o 是云层温度 T_{cl}、大气温度 T_{atm}、地面温度 T_{gr} 和建筑物温度 T_b 的平均）

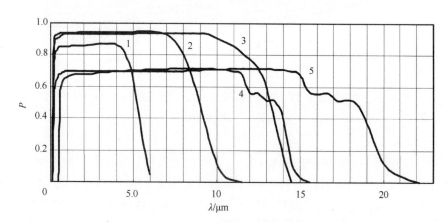

图 3.13 检查窗用典型材料透射系数
1—Al_2O_3；2—CaF_2；3—BaF_2；4—ZnS；5—$ZnSe$。

图 3.13 所示检查窗材料具有高透射谱带，可以随温度和厚度的变化而变宽或变窄，这取决于材料。检查窗的制造商通常将窗材料在室温和一定厚度下的性能写入说明书。但是，关于温度和窗厚对材料光谱特性的影响，以及关于窗的机械强度和最高工作温度的限制等信息并没有明确给出说明。

通过检查窗口进行测量时，考虑到会带来额外的辐射通量，从而需要将其类推到上述测量模型，这种情况下的辐射通量路径如图 3.14 所示。

考虑到额外的辐射通量，到达相机探测器的信号可以在考虑的模型中表示为

$$\begin{aligned}s = &\varepsilon_{ob}(T_{ob}) \cdot TT_{atm1}(T_{atm1}) \cdot TT_w(T_w) \cdot TT_{atm2}(T_{atm2}) \cdot s_{ob}(T_{ob}) + \\ & [1-\varepsilon_{ob}(T_{o1})] \cdot TT_{atm1}(T_{atm1}) \cdot TT_w(T_w) \cdot TT_{atm2}(T_{atm2}) \cdot s_{o1}(T_{o1}) + \\ & [1-TT_{atm1}(T_{atm1})] \cdot TT_w(T_w) \cdot TT_{atm2}(T_{atm2}) \cdot s_{atm1}(T_{atm1}) + \\ & \varepsilon_w(T_w) \cdot TT_{atm2}(T_{atm2}) \cdot s_w(T_w) + \\ & R_w(T_{o2}) \cdot TT_{atm2}(T_{atm2}) \cdot s_{o2}(T_{o2}) + \\ & [1-TT_{atm2}(T_{atm2})] \cdot s_{atm2}(T_{atm2})\end{aligned} \quad (3.18)$$

利用式（3.18），可以推导出 s_{ob} 为

$$s_{ob} = \frac{s}{\varepsilon_{ob} \cdot TT_{atm1} \cdot TT_w \cdot TT_{atm2}} - \frac{(1-\varepsilon_{ob}) \cdot s_{o1}}{\varepsilon_{ob}} - \frac{(1-TT_{atm1}) \cdot s_{atm1}}{\varepsilon_{ob} \cdot TT_{atm1}} - \frac{\varepsilon_w \cdot s_w}{\varepsilon_{ob} \cdot TT_{atm1} \cdot TT_w} - \frac{R_w \cdot s_{o2}}{\varepsilon_{ob} \cdot TT_{atm1} \cdot TT_w} - \frac{(1-TT_{atm2}) \cdot s_{atm2}}{\varepsilon_{ob} \cdot TT_{atm1} \cdot TT_w \cdot TT_{atm2}} \quad (3.19)$$

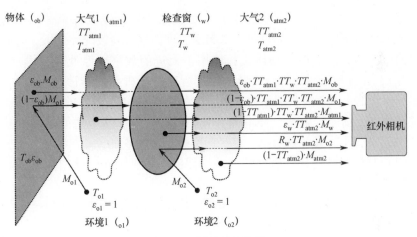

图 3.14 辐射通量路径

典型红外相机的测量模型没有考虑所有的热通量。为了进行正确的测量，应将其应用于式（3.19），但实际情况很难考虑所有的热通量，因此应考虑以下建议。

（1）检查窗应由在红外相机工作光谱范围内不吸收辐射的材料制成，即 $TT_w \approx 1$。

（2）如果典型的红外相机必须与式（3.13）一起使用，应考虑以下问题：

① 滤光片的应用范围内，大气在相机与物体之间具有很好的透射（最好是真空）。

② 相机的位置可能靠近检查窗口（即 $TT_{atm2}=1$）。在这种情况下，TT_{atm1} 的值是手动输入相机软件的。

从图 3.14 中创建模型所使用的推理方法，也可以用于通过考虑单个光学

组件和滤光片的辐射来创建一个精确的、通用的红外相机测量模型。

红外相机测量路径的处理算法是在上述数学模型的基础上进行的。但是，这并不意味着该算法必须由相机微控制器在线执行。它通常是离线实现的，由安装在计算机上的软件执行。在这种情况下，原始辐射测量数据（即像素的未补偿值、校准参数等）以特殊格式的文件传输到计算机。

在计算机上执行的离线红外数据处理数字系统通常是针对特定的相机类型而设计的，目的是为了不同的探测器、光学系统以及不同厂家对采集数据的各种处理算法。下面简要介绍 TermoLab 系统，该系统是由本书其中一位作者根据自己的需要设计的。

TermoLab 系统代表了一种更通用的方法，可以分析任何类型的红外相机采集的温度场。对采集设备唯一要求是输出数据格式为矩阵（温度矩阵）。TermoLab 输入数据使用 MATLAB 格式，这种方法扩展了系统可能的应用领域。专用的制造商软件通常允许进行标准的工程分析（温度计算、结果展示）、基本的统计分析（平均值、最大值等）和为测量文档创建报告等。TermoLab 是专为研究目的而设计的，还可以对采集的温度图进行高级统计分析。与典型制造商的软件相比，其新颖性体现在使用了先进的数字图像处理技术（滤波、降噪等），并将热像图与检测差异区域进行比较分析（用于诊断应用），还可以根据用户的个人需要扩展系统。以下这些是 TermoLab 软件的基本特点。

补偿由于物体发射率、环境和大气辐射的影响。这个功能是通过从 AFF 文件中读取额外数据（辐射率、空气湿度等）来实现的。

（1）相机组件的自辐射补偿。该软件使用相机组件的补偿辐射系数来校准探测器读数。

（2）热像图滤波。使用各种颜色图对温度场成像，并实现颜色图与温度范围的最佳匹配。

（3）测定等温区。

（4）直方图的评估——该系统允许对任何热像图子区域计算温度出现频率的直方图。

（5）任何热像图分区的最低、最高和平均温度的评估。

（6）任何方向的温度分布剖面的评估——水平和垂直剖面的评估和分析是可能的。

（7）温度图的叠加——相关分析和差异区域的确定。

（8）创建伪三维热像图。

（9）系列图像的显示。由于应用了多文档接口，同时显示和分析多个热像图。

（10）决策过程的自动化。

为了确保红外相机微控制器软件和专用 PC 软件之间的信息交换，使用了特殊的通信接口和数据格式。这些接口和数据格式与特定的相机类型密切相关。由于市场上出售的红外相机彼此之间存在显著差异，因此数据分析通常只能使用来自一个指定制造商的软件。

TermoLab 有一个内置的 UMI（通用矩阵接口），它读取的数据可以是存储在 MATLAB 格式文件中的温度值矩阵（来自任何相机类型），也可以是 AFF 文件中直接的探测器信号值（仅来自 FLIR 相机）。第一个选项支持分析来自任何以矩阵形式存储图像的相机的数据。该系统还为红外数据的统计分析和结果的图形表示提供了广泛的可能性。在程序执行过程中生成的包括测量结果和计算结果在内的报告也可以存储在 MATLAB 格式文件中，必要时还可以在 MATLAB 环境中进行进一步处理。输入数据文件的 AFF 格式是 FLIR 的原始产品，直接支持 FLIR 的（以前为 AGEMA）相机。

目前为止，主要从测量方法、测量过程中出现的物理现象以及红外相机测量路径的信号处理等方面来描述红外热像仪的测量过程。第 4 章将主要探讨有关红外热像仪在温度测量中的准确性问题。

在我们看来，误差分析和不确定性分析并不排斥。相反，考虑到红外热成像测量的复杂性，二者互为补充，使读者对红外热成像测量方法的准确性有了更全面的认识。本书开展红外热成像测量误差和不确定度计算和分析选取的主要是 FLIR 公司的红外相机 ThermaCAM PM595 LW。对于其他类型的相机和制造商，结果和结论可能非常相似。

第4章 红外热成像测量误差

4.1 引言

"测量误差"的概念对测量方法精度的评价具有基础性意义。在红外热成像测量中,误差的评估是必要的,特别是当测量温度的最终值是经过红外相机测量路径的复杂算法处理(基于测量的数学模型)后输出的。为了正确评估精度,有必要对应用模型引入的方法中的误差进行评估。

本书使用以下红外系统测量误差的定义。

红外热成像测量模型的绝对误差是由阵列探测器的单个元件(像素)的相机测量路径算法计算的值 T_C 与由该元件映射(表示)的目标表面积的实际温度 T_R 之间的差值,即

$$\Delta T_{ob} = T_C - T_R \quad (K) \tag{4.1}$$

式中:T_C 为由温度图计算的单个像素的温度值;T_R 为实际温度值。假设由单个像素映射的表面积的温度是恒定的。

红外热成像测量模型的相对误差是绝对误差 ΔT_{ob} 与实际温度 T_R 的比值:

$$\delta_{T_{ob}} = \frac{\Delta T_{ob}}{T_R} \tag{4.2}$$

然而,式(4.2)中的实际温度值 T_R 是未知的。因此,本书用一个约定真值来代替它,并在相机处理算法的模拟过程中赋一个先验值。

第1章将测量误差分为系统误差和随机误差。在红外热成像测量的情况下,系统的相互作用严重影响温度评价的准确性。因此,4.2节将讨论红外热成像测量系统相互作用的来源。

4.2 红外热成像测量系统相互作用

在 Chrzanowski(2000)、Minkina 等(2000、2004)的工作中,将红外热像测温误差分为:测量方法误差,校准误差,测量电子信号传递路径误差。

在实际情况下,测量方法的误差可能来自以下原因或测量过程中发生的相互作用:

第4章　红外热成像测量误差

(1) 对被测目标发射率 ε_{ob} 和/或 T_{atm}、T_o、ω、d 的错误评估。

(2) 环境辐射的影响（直接和/或从物体反射到达相机探测器）。

(3) 对大气透射率和大气辐射的错误评估。

(4) 探测器噪声。

一幅热像图中不同发射率的物体越多，发射率评价误差的影响就越明显。然而，现代红外系统可以在离线分析中分别设置热像图中特定区域的发射率值，这样就减少了观测表面非均匀性的影响。如2.3节所述，物体的发射率取决于波长 λ、温度 T、材料类型、表面状态、观测方向、极化以及超快热过程中的时间等因素。因此，完全消除错误的发射率评估带来的影响似乎是不可能的。然而，可以通过将物体表面涂成黑色、表面增湿或者（如果可能的话）通过均匀加热等技术手段，绘制一幅发射率图的方式来显著降低这种影响。这些解决方案在实验室条件下很容易实现，但在工业条件下通常是不可能的。因此，正确评价由于发射率的错误而引起的测量误差分量是非常重要的。这是因为物体发射率是红外相机测量路径算法的输入量之一。

根据式 (3.11)，环境辐射的影响随着物体发射率 ε_{ob} 的减小而增大，特别是当 $T_o \geq T_{ob}$ 时的影响更为显著。在室外进行的红外热成像测量中，会出现由于太阳辐射而产生的额外误差。太阳可视为高温黑体，入射到物体上的太阳辐射经过大气吸收，吸收程度取决于日间光照、时间和大气条件。研究清楚太阳辐射对红外热成像测量精度的影响是很不容易的，因为通常这种辐射使测量成为不可能，除非在对 $\varepsilon_{ob} \approx 1$ 的高温物体的定性研究中。当观测对象反射天空辐射、建筑物辐射和地面辐射时，情况会更加复杂（图3.12）。通过将环境温度输入相机的微控制器，可以限制大气辐射的影响，但是问题在于如何以可靠的方式确定该温度。这是极为困难的，因为一个被观测对象的邻域可以包含它附近或更远的多种物体，而这些物体则具有不同的发射率。Dudzik (2007) 和 Dudzik、Minkina (2002) 提出了一种降低环境辐射影响的方法，即将研究对象放置在宽敞的测量室内，以减少外部辐射的影响。而且，测量室内壁涂有高发射率（接近1）的涂料。然而，这种方法只适用于实验室条件下研究部分物体。因为大多数情况下，环境温度是未知的，在实际测量中通常假定它等于大气温度。

当相机与物体的距离在几米以内时，可以忽略大气自身辐射的影响。当对远处的物体温度测量时，应考虑大气自身辐射。当测量模型的输入变量 ε_{ob}、T_{atm}、T_o、ω、d 相互关联，且被测对象的发射率较低时，这一点尤为重要。

第二种误差源来自红外相机的标定过程。由于标定过程引起的温度测量误差通常源于：

(1) 标定及测量过程中相机光学组件及滤光片的自辐射差异及其随温度的变化。

（2）在标定和测量时，镜头与物体之间的距离不同。

（3）标定过程中对物体发射率的测定不精确，忽略了黑体反射环境辐射的影响和相机温度分辨率的限制。

（4）参考标准的精度有限，以及有限地标定点和插值误差。

由于标定过程是系统相互作用的一个重要来源，下面简要描述其步骤和理论基础。

除了第 3 章所述的探测器的自动校准外，整个相机作为最终产品由制造商送到标定实验室进行一系列标定步骤。标定证书附在通过此过程的每个部件上。该证书包括：

（1）实验室名称。

（2）相机序列号。

（3）标定过程中使用的相机组件（如光学元件、滤光片类型）。

（4）定义标定过程的标准（ITS-90 标准目前生效）。

（5）证书有效期。

（6）相关人员（执行和批准人）的日期和签名。

每个测量相机都应通过技术参数指明其测量精度，如 ±2℃ 或 ±2% 的精度范围。该参数应理解为在严格指定的实验室条件下（如标定过程）确定的精度。在实际测量中（如户外），其精度可能会显著降低。

红外系统的标定是使用技术黑体进行的，其 $\varepsilon_{ob} \approx 1$ 超过被校准设备的工作范围。相机与黑体之间的距离很近，可以假设 $TT_{atm} \approx 1$、$\varepsilon_{ob} \approx 1$（技术黑体）。则由式（3.13）可得 $s_{ob} = s$。因此，实验室的标定过程就是通过测量设置为不同温度 T_i 的一系列技术黑体所对应的信号 s_i（图 2.2 和图 4.3），其中这些技术黑体是红外辐射源的模型。式（4.3）所描述的标定曲线是通过函数对测量点 (s_i, T_i) 的近似，该函数为

$$s_i = \frac{R}{\exp(B/T_i) - F} \quad (4.3)$$

$$T_i = \frac{B}{\ln\left(\dfrac{R}{s_i} + F\right)} \quad (K) \quad (4.4)$$

式中：R、B、F 是为了实现函数（式（4.3））与标定点的最佳拟合而确定的常数。根据式（4.4），红外相机将探测器信号 s_i 转换为特定辐射波长范围内 (λ_1, λ_2) 的温度 T_i。

从理论上看，式（4.3）是对入射到探测器上的黑体辐射度 $M(\lambda, T)$（根据普朗克定律）与描述相机相对光谱灵敏度的函数 $S_k(\lambda)$ 乘积进行积分的近似，如图 4.1 所示。该乘积的积分是在相机工作光谱范围内 (λ_1, λ_2) 进行的，对于指定的黑体温度 T_i，有：

$$s(T_i) = C \cdot \int_{\lambda_1}^{\lambda_2} S_k(\lambda) \cdot \frac{c_1 \mathrm{d}\lambda}{\lambda^5 \cdot \left[\exp\left(\frac{c_2}{\lambda \cdot T_i}\right) - 1 \right]} \qquad (4.5)$$

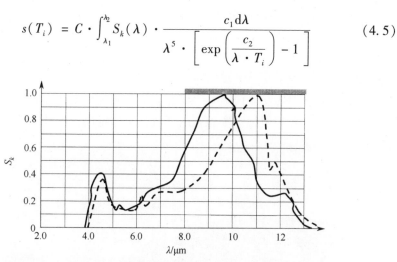

图 4.1 长波（LW）相机相对光谱灵敏度 $S_k(\lambda)$ 的特性实例

特征 $S_k(\lambda)$ 主要取决于探测器的归一化探测率（光谱灵敏度）函数 $D*(\lambda)$ 和相机光学传输的光谱特性。一般来说，R、B、F 的取值对于每个相机及其每个测量范围都是不同的。表 4.1 为 Therma CAMPM 595 LW 相机的 R、B、F 值。

表 4.1 Therma CAMPM 595 LW 相机的 R、B、F 值

测量范围/℃	R	B/K	F
$-40 \sim 120$	101920	1463.4	1
$80 \sim 500$	17250	1466.6	1
$350 \sim 2000$	1870	1491.8	1

短波（SW：$3 \sim 5 \mu m$）相机和长波（LW：$8 \sim 14 \mu m$）相机测量路径的典型静态特性曲线 $s = f(T)$ 如图 4.2 所示。

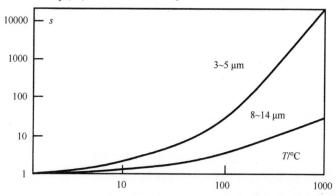

图 4.2 短波（SW：$3 \sim 5 \mu m$）相机和长波（LW：$8 \sim 14 \mu m$）相机测量路径的典型静态特性示例

常数 R、B、F 存储在相机的微控制器内存中，相机微控制器根据探测器数字化信号 s、测量模型（式（3.17））及其设置值（物体发射率 ε_{ob}、大气温度 T_{atm}、环境温度 T_o、相机到物体距离 d、大气相对湿度 $\omega\%$）对每次测得的温度 T_i 进行计算。

标定程序在 DeWitt (1983)、Machin (2000) 和 Machin (2008) 等文献中有详细描述。红外相机标定实验室内部及一组标定用技术黑体如图4.3所示。

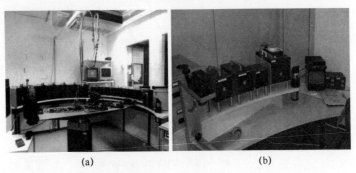

图4.3　红外相机标定实验室内部及一组标定用技术黑体

系统误差的第3个来源是相机的内部电路。这类误差主要源于以下不利现象：

（1）探测器噪声。
（2）制冷系统性能的不稳定（在带有制冷阵列的相机中）。
（3）前置放大器和/或其他电子系统的增益波动。
（4）探测器和/或其他电子元件的有限带宽。
（5）模/数转换器的有限分辨率和非线性。

当环境温度在 $-15 \sim 40$℃ 时，相机内部电路的误差小于 $\pm 1\%$。

在典型的情况下，这种方法的误差甚至达到好几个百分点。这是红外相机对温度场进行非接触测量时的主要误差来源。红外热像仪测量温度的精度不高，它的不精确性与常见、常用的光学高温计相似。而采用热电测温、电阻测温或热敏电阻测温等接触法的测温准确度则要高得多，特别是当两种方法用于温度范围相似的测量时。然而，有些场合接触法无法应用。红外热像法的不精确性是显而易见的，特别是在测量由不同发射率的材料构成的非均匀温度场时。因此，建议将此方法用于发射率非常相似、温度均匀分布的物体的远程测定。虽然一个典型红外相机的温度分辨率大约为 $0.05 \sim 0.1$K，但是成像的温度会受到很多因素的影响。因此，对每一个测量结果都要进行仔细的分析，测量人员应该在红外热像仪的测量结果解释方面有丰富的经验。

由于该方法的误差是评价红外热像仪测量精度的主要因素，因此在本书的后续部分将在不同的测量条件下对这种误差进行广泛深入的研究。

4.3 系统相互作用的模拟

如前所述,测量模型的知识对于红外热像法的误差评估是非常必要的。本书以式(3.16)、式(3.17)定义的测量模型为基础,并结合式(3.15)定义的大气透射率模型,分析了该方法的测量误差。大多数红外相机制造商使用的测量模型是相似的。不同的是,每个制造商都使用自己的大气透射率模型 TT_{atm}。

根据式(3.17),需要在相机软件中定义代表测量条件的5个输入值:物体发射率 ε_{ob}、环境温度 T_o、大气温度 T_{atm}、大气相对湿度 $\omega\%$、相机到物体距离 d。在本节中,进一步分析了这些输入量对红外热像仪测温偏置的影响。由于式(3.17)是高度非线性的,我们采用第1章(式(1.8))中描述的(精确)增量方法来评估与各个输入参数相关的偏差分量。该方法对测量模型的所有输入进行了误差分析。在 MATLAB R2006b 环境下进行了仿真。首先,在 MATLAB 脚本中实现测量模型。然后,针对不同的测量条件(影响输入)和不同的输入信号,对所建立的模型进行仿真。仿真中假设的测量条件见表4.2,输入参数的相对误差范围见表4.3。

表4.2 假设的输入参数参考值

输入参数	目标发射率 ε_{ob}	环境温度 T_o/K	大气温度 T_{atm}/K	相对湿度 ω/%	物体与相机距离 d
值	0.98;0.80;0.60;0.40	293	293	0.5	1100

表4.3 输入参数的相对误差范围

输入参数	目标发射率 ε_{ob}	环境温度 T_o/K	大气温度 T_{atm}/K	相对湿度 ω/%	物体与相机距离 d
误差范围	±30%	±3%	±3%	±30%	±30

Orlove(1982)、DeWitt(1983)和 Hamrelius(1991)的工作涉及基于绝对误差的计量分析。但这只能局限在狭窄的区间,因为对结果进行压缩会使图像变得不清晰,从而无法识别误差函数的变化。由于绝对值的概念不太清晰,如绝对误差 $\Delta_{T_{ob}}=50K$ 是大还是小?如果目标温度 $T_{ob}=2000K$,对于典型的非接触式温度测量来说,绝对误差似乎很小(相对误差 $\delta_{T_{ob}}=2.5\%$)。考虑到这些不足,应该利用敏感变量的相对误差对红外相机测量模型进行灵敏度分析。然后通过仿真结果进一步以相对误差图的形式呈现,是清晰易读的,并有可能对误差函数的性质更有价值。

4.3.1 发射率设置误差对测温误差的影响

2.3 节讨论了发射率测量问题以及发射率对物体表面辐射特性的影响。本节给出式（3.17）的仿真结果，并假设相机内部物体表面发射率设置是错误的。

图 4.4 和图 4.5 示出了由于物体发射率设置的误差 $\delta_{\varepsilon_{ob}}$ 而导致的温度测量误差 $\delta_{T_{ob}}$ 的分量，其中图 4.4 中的曲线对应的是 $T_{ob} > T_o$ 和 $T_{ob} > T_{atm}$ 的情况，而图 4.5 中的曲线则对应的是 $T_{ob} \leqslant T_o$ 和 $T_{ob} \leqslant T_{atm}$ 的情况。

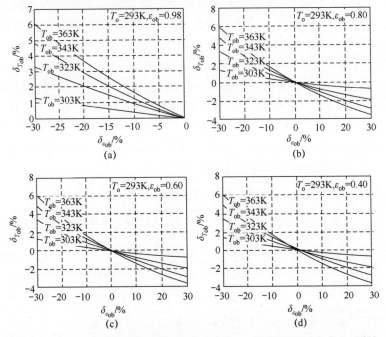

图 4.4 当 $T_{atm} = T_o = 293K$ 时，目标发射率 ε_{ob} 设置误差对温度 T_{ob} 测量误差的影响（$T_{ob} > T_o$ 且 $T_{ob} > T_{atm}$）

在 $T_{ob} > T_o$ 和 $T_{ob} > T_{atm}$ 的情况下，对目标温度分别为 303K（30℃）、323K（50℃）、343K（70℃）、363K（90℃）进行了模拟仿真。而在 $T_{ob} \leqslant T_o$ 和 $T_{ob} \leqslant T_{atm}$ 的情况下，对目标温度分别为 263K（-10℃）、274K（1℃）、283K（10℃）、293K（20℃）进行了模拟仿真。

基于上述研究结果，可以得出如下结论。

（1）物体发射率（ε_{ob}）的设置误差对温度测量误差影响很大。从图 4.4 可以看出，对 ε_{ob} 的高估比低估产生的误差要小。例如，当发射率设置误差 $\delta_{\varepsilon} = +30\%$ 时，测温误差 $\delta_{T_{ob}} \approx -(1\sim4)\%$；而当 $\delta_{\varepsilon} = -30\%$ 时，测温误差 $\delta_{T_{ob}} \approx +(2\sim7)\%$，对应的仿真条件为：$T_{atm} = T_o = 293K$，$T_{ob} = $

（300～400）K，ε_{ob} = 0.4～0.98。从图4.4中还可以看出，发射率导致的误差分量随着T_{ob}的增加而增加，与ε_{ob}无关。

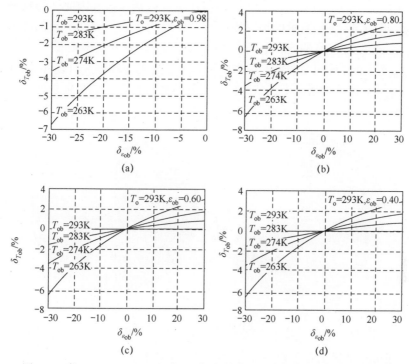

图4.5　当$T_{atm} = T_o = 293K$时，目标发射率ε_{ob}设置误差对温度T_{ob}测量
误差的影响（$T_{ob} \leq T_o$且$T_{ob} \leq T_{atm}$）

(2) 从图4.5可以看出，如果满足$T_{ob} \leq T_o$和$T_{ob} \leq T_{atm}$的条件，则误差$\delta_{T_{ob}} = f(\delta_{\varepsilon_{ob}})$与$\varepsilon_{ob}$无关，并且当$T_{ob}$减小时，误差$\delta_{T_{ob}} = f(\delta_{\varepsilon_{ob}})$反而增大。图4.5说明了任何一款红外热像仪都会出现的测量结果不可靠的情况。即当$T_{ob} \leq T_o$和$T_{ob} \leq T_{atm}$时，不能进行测量。

(3) 图4.4和图4.5分别示出了当$T_{ob} > T_o$、$T_{ob} > T_{atm}$和$T_{ob} \leq T_o$、$T_{ob} \leq T_{atm}$时误差$\delta_{T_{ob}}$的符号变化情况。当$T_{ob} \approx T_o$、$T_{ob} \approx T_{atm}$时，误差$\delta_{T_{ob}}$接近于0，说明模型对发射率的变化不那么敏感；当$T_{ob} = T_o = T_{atm}$时，出现一个临界情况，即模型对给定输入变量X（X代表ε_{ob}、T_o、T_{atm}、d或ω）的变化不敏感，称为模型的奇异点。式（3.17）的数学形式描述了模型的特征。另一方面，当$T_{ob} = T_o = T_{atm}$时，根据测量理论，误差趋于无穷大。这也证实了上述结论，即当$T_{ob} = T_o = T_{atm}$时，红外热成像测量的结果是不可靠的。

在Minkina（2004）的工作中，更生动地解释了$T_{ob} = T_o = T_{atm}$时测量模型对ε_{ob}变化的不敏感性。探测器接收来自物体、大气和周围环境的辐射通量，这些通量分别与辐射强度（随温度升高）和发射率ε_{ob}、ε_{atm}和$\varepsilon_o = 1$成正比，到达探测器的辐射特定分量的贡献如图 4.6 所示。图 4.6（a）说明了物体的发射率值较小的情况。在这种情况下，被测物体的辐射强度约占探测器接收辐射的 30%，其余的 70% 来自大气和周围环境，包括噪声。因此，测量条件非常严苛。图 4.6（b）所示的情况则更糟。导致测量条件非常不利的原因，不仅是因为温度分布是假定的，即物体温度比环境和大气温度低（$T_{ob} \ll T_o$、$T_{ob} \ll T_{atm}$），而且还因为假定的物体发射率小于大气和环境发射率（$\varepsilon_{ob} \ll \varepsilon_o$、$\varepsilon_{ob} \ll \varepsilon_{atm}$）。在这种情况下，物体辐射对到达相机探测器的总辐射通量的贡献甚至更低。

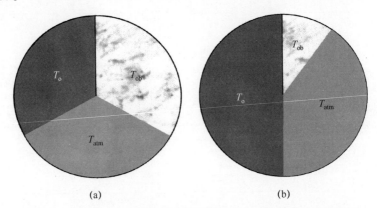

图 4.6　临界情况下，到达相机探测器的特定辐射分量的图示说明

上述仿真结果是在假设目标温度恒定的情况下取得的。反过来，可以假设输出信号 s_{ob} 为常数，考察式（3.17）中单个输入变量误差的影响，其中：

$$s_{ob} = s \frac{1}{\varepsilon_{ob} TT_{atm}} - \left[\frac{1-\varepsilon_{ob}}{\varepsilon_{ob}} \frac{R}{\exp(B/T_o) - F} + \frac{1-TT_{atm}}{\varepsilon_{ob} \cdot TT_{atm}} \frac{R}{\exp(B/T_o) - F} \right]$$

(4.6)

图 4.7 所示为在恒定 s_{ob} 和大气透射率 TT_{atm} 的条件下，由模型计算得到的目标温度 T_{ob} 与假设的目标发射率 ε_{ob} 的关系。

如前所述，当目标温度 T_{ob} 等于环境温度 T_o 时，T_{ob} 对 ε_{ob} 的不敏感效应由图 4.7 中曲线 1 表示。图 4.7 中其他曲线则表示在 $T_{ob} \neq T_o$ 时，T_{ob} 随 ε_{ob} 的变化情况。

在红外热成像测量中，物体温度接近环境温度的情况并不是唯一的不利情况。另一个典型困难的情况是测量低发射率物体的温度，比如抛光金属的表面类似镜面，由于反射的原因，温度图的分析要困难得多。

通过改变观测角度，很容易发现反射现象。在角度发生微小变化后，较高温度物体的辐射强度实际上保持不变，而反射辐射则可能发生很大变化。为了说明在被研究物体表面低发射率情况下红外热成像测量中存在的问题，考虑以下示例。

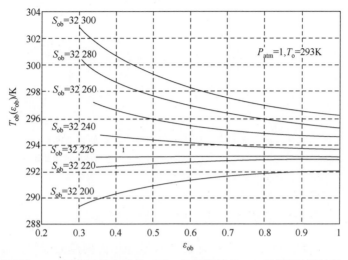

图 4.7 在恒定 s_{ob}（恒定辐射出射度）下，目标发射率 ε_{ob} 对计算目标温度 T_{ob} 的影响

例 4.1 低发射率物体表面的热像图

图 4.8 中的图像是抛光铝板的热像图，其温度等于环境温度。抛光铝的发射率为 $\varepsilon \approx 0.1$。图 4.8（a）所示为铝板对测量其温度的人体的反射，而图 4.8（b）所示为放置在铝板前方盛有热水的玻璃杯及其背景反射。将一张发射率为 $\varepsilon \approx 0.8$ 的白纸粘贴在铝板的左侧进行比较，图中纸张的右边缘用白色虚线标出。如图所示，从白纸覆盖的地方对玻璃杯没有热反射（玻璃反射的左半部分沿纸边缘截掉）。反射物体（人、玻璃杯）的表观温度低于实际温度，因为铝板不是理想的白色物体（其发射率 $\varepsilon_{ob} \approx 0.1$）。如果铝的发射率接近于零（$\varepsilon_{ob} \approx 0$），采集到的温度将接近实际温度。因此，本例也证实了前面的评论：采用红外热像法测量低发射率物体，当其温度接近环境（大气）温度时，结果是不可靠的。图 4.8（c）所示为实验装置的俯视图。

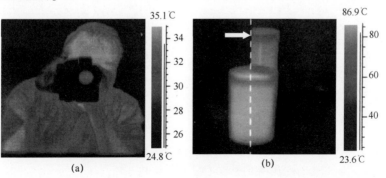

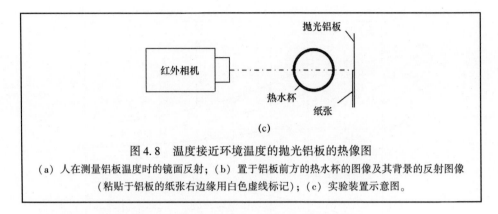

图 4.8 温度接近环境温度的抛光铝板的热像图
(a) 人在测量铝板温度时的镜面反射；(b) 置于铝板前方的热水杯的图像及其背景的反射图像（粘贴于铝板的纸张右边缘用白色虚线标记）；(c) 实验装置示意图。

4.3.2 环境温度设置误差对测温误差的影响

本节讨论环境温度 T_o 的不正确设置对温度测量误差的影响。温度测量误差 $\delta_{T_{ob}}$ 与环境温度误差 δ_{T_o} 的相关模拟结果如图 4.9 和图 4.10 所示。图 4.9 所示的结果是 $T_{ob} > T_o$、$T_{ob} > T_{atm}$ 的情况；图 4.10 所示的结果是 $T_{ob} \leqslant T_o$ 和 $T_{ob} \leqslant T_{atm}$。

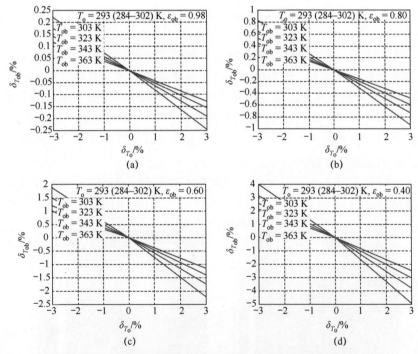

图 4.9 当 $T_{atm} = T_o = 293K$ 时，环境温度 T_{ob} 设置误差对温度 T_{ob} 测量误差的影响（$T_{ob} > T_o$ 且 $T_{ob} > T_{atm}$）

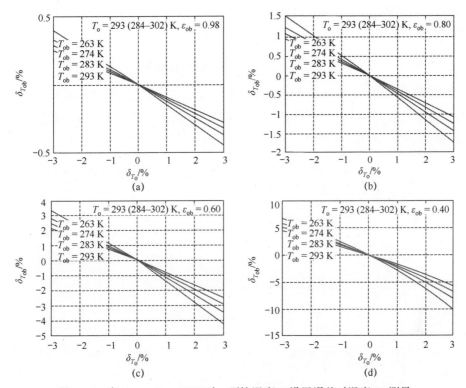

图 4.10 当 $T_{atm} = T_o = 293K$ 时，环境温度 T_o 设置误差对温度 T_{ob} 测量
误差的影响（$T_{ob} \leq T_o$ 且 $T_o \leq T_{atm}$）

通过以上对式（3.17）的仿真分析，环境温度 T_o 设置不正确对温度测量误差的影响可以总结为如下结论。

（1）环境温度设置的误差 δ_{T_o} 对物体温度测量的误差 $\delta_{T_{ob}}$ 也有显著影响（图4.9），但没有物体发射率设置不正确时的误差大。与 δ_ε 的特征相反，$\delta_{T_{ob}}$ 与 δ_{T_o} 的特征具有对称性，这意味着无论是低估还是高估 T_o 都会导致类似的错误。从图4.9和图4.10可以看出，高估设置会导致负向误差，低估设置会导致正向误差。例如，当环境温度设置误差 $\delta_{T_o} = \pm 3\%$ 时，测温误差为 $\delta_{T_{ob}} \approx \pm (0.1 \sim 5)\%$，对应的仿真条件为：$T_{atm} = T_o = 293K$，$T_{ob} = (300 \sim 400)K$，$\varepsilon_{ob} = 0.4 \sim 0.98$。此外，还应注意到，随着 T_{ob} 和 ε_{ob} 的增加，测温误差 $\delta_{T_{ob}}$ 减小。

（2）从图4.10可以看出，如果满足 $T_{ob} \leq T_o$ 和 $T_{ob} \leq T_{atm}$ 的条件，则当 ε_{ob} 和 T_{ob} 减小时，测温误差 $\delta_{T_{ob}} = f(\delta_{T_o})$ 会显著增大。这在前面的章节已有描述，并采用与不正确的物体发射率设置相关的误差分量图进行说明（图4.5）。因此，说明在这种情况下红外热成像测量的结果是不可靠的。

（3）图4.9（a）表明，对于较高的测量温度，可忽略环境温度对测量结果的影响,特别是当物体发射率较高时。这对于红外热像仪的实际测量是一个十分重要的结论。

4.3.3 大气温度设置误差对测温误差的影响

图 4.11 和图 4.12 所示为不正确的大气温度 T_{atm} 设置对温度测量误差的影响。图中显示了温度测量误差 $\delta_{T_{ob}}$ 随大气温度误差 $\delta_{T_{atm}}$ 变化的仿真结果,仿真采用的测量模型为式 (3.17),大气传输模型 (TT_{atm}) 为式 (3.15)。

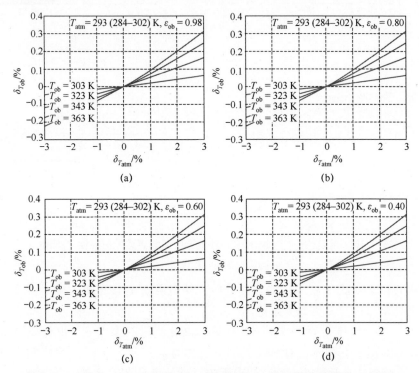

图 4.11 当 $T_{atm} = T_o = 293K$ 时,大气温度 T_{atm} 设置误差对温度 T_{ob} 测量
误差的影响 ($T_{ob} > T_o$ 且 $T_{ob} > T_{atm}$)

分析图 4.11 和图 4.12 所示的结果,根据大气温度的不正确设置对温度测量误差的影响,可以说明:

(1) 不正确地设置大气温度 T_{atm} 不会对物体温度 T_{ob} 测量的误差产生很大的影响,如图 4.11 所示。物体温度测量误差与大气温度设置误差成正比。例如,当大气温度设置误差为 $\delta_{T_{atm}} = \pm 3\%$ 时,则测温误差 $\delta_{T_{ob}} \approx \pm (0.05 \sim 0.35)\%$,对应的仿真条件为:$T_{atm} = T_o = 293K$, $T_{ob} = (300 \sim 400)K$, $\varepsilon_{ob} = 0.4 \sim 0.98$。温度测量误差 $\delta_{T_{ob}}$ 随 T_{ob} 的增大而增大,并且与 ε_{ob} 无关。

(2) 从图 4.12 可以看出,如果满足 $T_{ob} \leq T_o$ 和 $T_{ob} \leq T_{atm}$ 的条件,测温误

差 $\delta_{T_{ob}} = f(\delta_{T_{atm}})$ 与 ε_{ob} 无关,但会随着 T_{ob} 的减小而增大。尽管由于大气温度的不正确设置而导致的温度测量误差分量较小,但根据前面描述的红外热成像测量的一般原理,不应该在这种条件下进行测量。

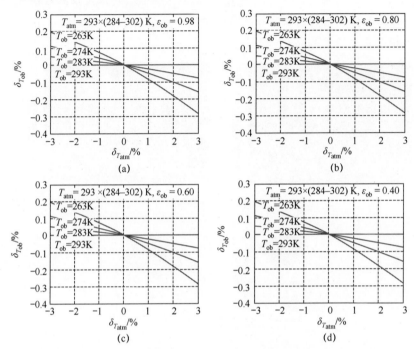

图 4.12 当 $T_{atm} = T_o = 293K$ 时,大气温度 T_{atm} 设置误差对温度 T_{ob} 测量误差的影响($T_{ob} \leqslant T_o$ 且 $T_{ob} \leqslant T_{atm}$)

例 4.2 不正确的环境温度和大气温度设置对工业装置温度测量的影响

图 4.13(a)和(b)所示为环境温度和大气温度设置不正确对工业装置热像图结果分析的影响,该研究对象为工业锅炉烟囱的内壁。为了说明在相机中设置不正确的 T_{atm} 和 T_o 所带来的误差,首先输入正确值 $T_{atm} = T_o = 0°C$,记录的热像如图 4.13(a)所示。相机计算出标记点的物体温度(内衬温度)为 $T_{ob} = +6.7°C$。接下来,将设置更改为错误值 $T_{atm} = T_o = +20°C$,记录的热像如图 4.13(b)所示,这次相机计算出同一点上的物体温度为 $T_{ob} = -1.2°C$。在这两种情况中,相机软件计算了同一衬片发射率($\varepsilon = 0.8$)下的 T_{ob}。造成这种差异的原因在于:相机测量到达探测器每个像素的总辐射强度。同样可以分析在环境和大气温度设置不正确情况下到达探测器的特定辐射分量的贡献(图 4.13(c)和(d)),正如之前对物体发射率设置不正确所做的那样。当设置正确时,即 $T_{atm} = T_o = 0°C$,相

机对辐射分量的解释是正确的：探测器从物体接收的辐射更多，从环境和大气接收的辐射更少（图 4.13（c）），因此计算出的物体温度更高（T_{ob} = +6.7℃）。当设置不正确时，即 $T_{atm} = T_o$ = +20℃（即温度设置过高），相机会低估物体辐射的贡献，并高估环境和大气的贡献（图 4.13（d））。因此，相机显示值过低（T_{ob} = -1.2℃）。

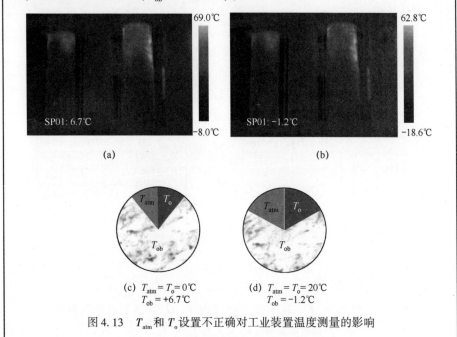

图 4.13 T_{atm} 和 T_o 设置不正确对工业装置温度测量的影响

4.3.4 物像距离设置误差对测温误差的影响

本书研究了大气透射率对红外热成像测量误差的影响，其中考虑了物像距离和大气相对湿度的影响。如 3.1 节所述，大气透射率是有限的，由红外辐射波长 λ、大气温度 T_{atm}、湿度 ω 和物像距离 d（图 3.1（a）和（b））共同决定。本节讨论温度测量误差与物像距离的不正确设置之间的关系。4.3.5 节将讨论相对湿度设置不正确对温度测量误差的影响。

图 4.14 和图 4.15 所示为温度测量误差 $\delta_{T_{ob}}$ 随物像距离误差 δ_d 变化的仿真结果，仿真采用的测量模型为式（3.17），大气传输模型（TT_{atm}）为式（3.15）。图 4.14 所示的结果是 $T_{ob} > T_o$、$T_{ob} > T_{atm}$ 的情况；图 4.15 所示的结果是 $T_{ob} \leqslant T_o$ 和 $T_{ob} \leqslant T_{atm}$。

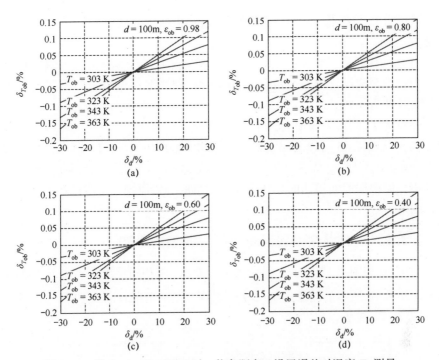

图 4.14 当 $T_{atm} = T_o = 293K$ 时，物象距离 d 设置误差对温度 T_{ob} 测量误差的影响（$T_{ob} > T_o$ 且 $T_{ob} > T_{atm}$）

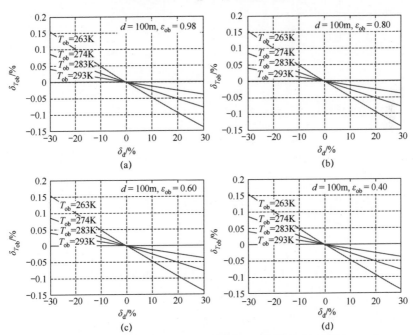

图 4.15 当 $T_{atm} = T_o = 293K$ 时，物象距离 d 设置误差对温度 T_{ob} 测量误差的影响（$T_{ob} \leq T_o$ 且 $T_{ob} \leq T_{atm}$）

通过分析与摄像机到目标距离相关的误差分量的影响，可以得出以下结论。

（1）物像距离设置误差对目标温度测量误差的影响极小（图4.14）。例如，当物像距离设置误差为 $\delta_d = \pm 30\%$ 时，则测温误差为 $\delta_{T_{ob}} < 0.2\%$，对应的仿真条件为：$T_{atm} = T_o = 293K$，$T_{ob} = (300 \sim 400)K$，$\varepsilon_{ob} = 0.4 \sim 0.98$。该误差分量随 T_{ob} 的增大而增大，并且与发射率 ε_{ob} 无关。

（2）从图4.15可以看出，如果满足 $T_{ob} \leq T_o$ 和 $T_{ob} \leq T_{atm}$ 的条件，测温误差 $\delta_{T_{ob}} = f(\delta_d)$ 与 ε_{ob} 无关，但会随着 T_{ob} 的减小而增大。尽管温度测量误差分量较小，但根据前面描述的红外热成像测量的一般原理，不应该在这种条件下进行测量。

4.3.5 相对湿度设置误差对测温误差的影响

图4.16和图4.17所示为温度测量误差 $\delta_{T_{ob}}$ 随相对湿度误差 δ_ω 变化的仿真结果。图4.16所示的结果是 $T_{ob} > T_o$、$T_{ob} > T_{atm}$ 的情况；图4.17所示的结果是 $T_{ob} \leq T_o$ 和 $T_{ob} \leq T_{atm}$。

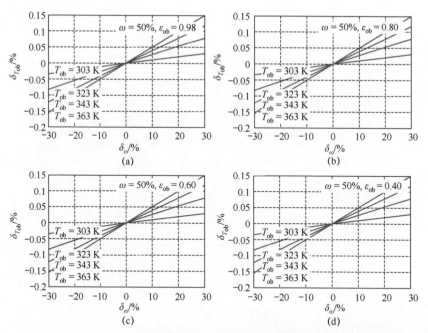

图4.16　当 $T_{atm} = T_o = 293K$ 时，相对湿度 ω 设置误差对温度 T_{ob} 测量误差的影响（$T_{ob} > T_o$ 且 $T_{ob} > T_{atm}$）

分析图4.16和图4.17，可以得出如下结论。

（1）相对湿度设置误差对目标温度测量误差的影响极小（图4.14）。例如，当相对湿度设置误差为 $\delta_\omega = \pm 30\%$ 时，则测温误差为 $\delta_{T_{ob}} < 0.2\%$，对应的仿真条件为：$T_{atm} = T_o = 293K$，$T_{ob} = (300 \sim 400)K$，$\varepsilon_{ob} = 0.4 \sim 0.98$。该误差分量随 T_{ob} 的增大而增大，并且与发射率 ε_{ob} 无关。该特性与物像距离 d 导致的误差分量极为相似。

(2) 从图 4.17 可以看出，如果满足 $T_{ob} \leqslant T_o$ 和 $T_{ob} \leqslant T_{atm}$ 的条件，测温误差 $\delta_{T_{ob}} = f(\delta_\omega)$ 与 ε_{ob} 无关，但会随着 T_{ob} 的减小而增大。图 4.17 与图 4.15 十分相似。同理，尽管该误差分量较小，但根据前面描述的红外热成像测量的一般原理，不应该在这种条件下进行测量。

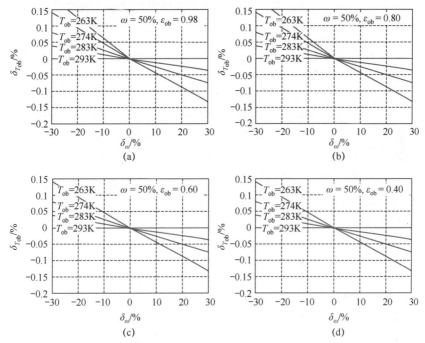

图 4.17　当 $T_{atm} = T_o = 293K$ 时，大相对湿度 ω 设置误差对温度 T_{ob} 测量误差的影响（$T_{ob} \leqslant T_o$ 且 $T_{ob} \leqslant T_{atm}$）

4.3.6　小结

通过本章对系统相互作用导致的红外热成像测量误差模拟研究的总结，可以看出：温度测量误差的主要分量是物体发射率设置不正确导致的。因此，对于具有较低发射率的物体温度测量情况，红外热成像测量在原理上是不可靠的，甚至是不可能的。另一个临界情况是当物体温度与环境温度和大气温度相似时，在这种情况下，背景（噪声）的辐射可能比被测对象（有用信号）的辐射强得多。实际上，物体温度应该比背景温度高至少 50℃。在我们的工作实践中，被测物体的温度远高于大气或环境温度的情况最为常见。对未知环境温度的评估是一个完全不同的问题。实践中，通常假设 $T_{ob} = T_{atm}$。

所有这些研究成果都说明：进行红外热成像测量误差评估应根据具体情况具体处理。对这些误差的理论分析仍然是一个有待深入研究的问题。

虽然本章中得到的温度测量误差研究结果 $\delta_{T_{ob}}$ 主要采用的是 FLIR 公司的 ThermaCAM PM 595 LW 相机。但是式（3.17）对于其他相机同样是有效的。因此，对于世界上大多数相机来说，$\delta_{T_{ob}}$ 及其研究结论也是相似的。

如前所述，误差理论并不是定量分析测量误差的唯一方法。本书还提出了另一种基于不确定度的方法。该方法将式（3.17）和式（3.15）的所有输入量当作随机变量处理。第 5 章介绍了红外热成像模型测量不确定度的研究方法和结论。

第 5 章 红外热成像测量不确定度

5.1 引言

第 1 章介绍了测量误差和不确定度的基础理论，特别是间接测量。在这种情况下，测量模型通常由多个变量的函数表示。第 4 章使用 5 个变量的函数定义的红外热成像测量模型（式（3.17））和增量法（参见第 1 章）来评估单个输入变量误差对输出变量误差的影响。以这种方式定义的精度模型是完全确定的。第 4 章提出的方法可以从测量模型对给定（确定）输入量偏差的敏感性角度分析。事实上，不准确的来源不仅应该在模型本身的特征中寻找，还应该在测量数据的结构（表示输入量）中寻找。在测量理论中称为随机相互作用。在一个精确的确定性模型（有系统的相互作用）中，所有关于误差的信息都由单个输入量的特定值表示。但这并不包括输入之间所有可能的相互依赖性，因此，每次分析都要处理一组特定的输入变量。

另一种评估测量精度的方法是基于现代不确定度理论（1995 年指南）。第 1 章介绍了该理论的基本定义和不确定度评定方法。如该章所述，不确定度是一种统计度量。基于不确定度概念的测量精度模型可称为随机模型。将统计模型与确定性模型区别开的一个基本特征是，可以同时考虑输入数据的结构（由概率密度函数或累积分布函数表示）和测量模型的特性。当使用不确定度理论时，准确度的评估不是基于输入数据的单一向量，而是考虑包含在大量具有代表性的输入数据中的信息。因此，有必要将这些集合定义为随机变量。然而，基于不确定度理论确定测量精度的统计参数也是随机变量，所以它们的评估结果只是一定的概率值。

本书中温度测量不确定度的研究是基于数据处理算法不确定度的思想，它是输出随机变量的扩展量，等于该变量的标准实验偏差。

5.2 仿真实验方法

为了正确评估测量不确定度，做出如下假设。

（1）式（3.17）的输入量为给定频率分布的随机变量，进一步称为输入变量。

（2）式（3.17）所描述的物体温度测量的不确定度是输出量围绕该量的期望值所实现的扩展量。

（3）通过这些变量的分布参数为算术平均值和标准实验偏差，对输入变量的期望值和扩展量进行建模。

（4）对于足够多的输入变量，算术平均值和标准实验偏差分别是期望值和标准差的无偏估计（1995年指南）。

（5）分别对两种情况进行了仿真研究：模型输入变量不相关和模型输入变量互相关。

根据计量指南联合委员会（JCGM）第一工作组的推荐（1995年指南），仿真模拟使用的是蒙特卡罗方法。这就导致合成标准不确定度分量评估的研究方法应包括以下步骤。

（1）评估输入变量的分布参数。

（2）根据步骤1中实现的评估参数和定义的变量相关性水平，生成输入变量序列。

（3）根据步骤2中产生的数据序列，进行测量模型仿真。

（4）分析仿真结果。

除了确定不确定度的分量外，还根据1.3节中描述的程序，开展了旨在评估组合标准不确定度和95%置信区间的仿真模拟。

在分析过程中，假设输入变量满足两种分布之一：对数高斯分布或均匀分布。采用均匀分布来研究临界情况，而对数高斯分布则用来保证生成随机变量的数值算法的稳定性。为了确保式（3.17）的正确模拟，输入量的值不能为负。

5.2.1 输入变量分布参数的评估

5.2.1.1 对数高斯分布

对数高斯分布的概率密度函数为

$$p(z) = \frac{1}{z \cdot s \cdot \sqrt{2 \cdot \pi}} \exp\left(\frac{-(\ln z - m)^2}{2 \cdot s^2}\right) \tag{5.1}$$

式中：m、s 均为概率分布参数。

随机变量 Z 的期望值定义为（1995年指南）：

$$E(Z) = \int z \cdot p(z) \mathrm{d}z \tag{5.2}$$

由式（5.1）和式（5.2）可知，变量 Z 的期望值服从对数高斯分布：

$$E(Z) = \exp\left(m + \frac{s^2}{2}\right) \tag{5.3}$$

随机变量 Z 的方差定义为

$$V(Z) = E\{[Z - E(Z)]^2\} \quad (5.4)$$

由式（5.1）和式（5.4）可知，变量 Z 的方差服从对数高斯分布：

$$V(Z) = \exp(2 \cdot m + 2 \cdot s^2) - \exp(2 \cdot m + s^2) \quad (5.5)$$

利用式（5.3）和式（5.5）求解参数 m 和 s，可得

$$\begin{cases} m = \ln\left(\dfrac{E^2(Z)}{\sqrt{V(Z) + E^2(Z)}}\right) \\ s = \ln\left(\sqrt{\dfrac{V(Z) + E^2(Z)}{E^2(Z)}}\right) \end{cases} \quad (5.6)$$

利用式（5.6）可以确定对数高斯分布的参数 m 和 s 的值，即随机变量 Z 的期望值和方差分别等于 $E(Z)$ 和 $V(Z)$。

5.2.1.2 均匀分布

均匀分布的概率密度函数为

$$p(z) = \begin{cases} \dfrac{1}{b - a}, a \leqslant z \leqslant b \\ 0, \quad \text{其他} \end{cases} \quad (5.7)$$

式中：a、b 均为概率分布参数。

根据式（5.2），均匀分布的期望值为

$$E(Z) = \frac{a + b}{2} \quad (5.8)$$

和方差为

$$V(Z) = \frac{(b - a)^2}{12} \quad (5.9)$$

正如对数高斯分布，分别求解式（5.8）、式（5.9）可得分布参数 a、b，并且可以确定参数 a、b 与均匀分布的期望值、方差之间的关系为

$$\begin{cases} a = E(Z) - \sqrt{3 \cdot V(Z)} \\ b = E(Z) + \sqrt{3 \cdot V(Z)} \end{cases} \quad (5.10)$$

表 5.1 所列为两种分布常用参数对其统计量的依赖关系方程。

表 5.1　式（3.17）灵敏度仿真分析所使用分布参数的定义式

分布	期望值 $E(Z)$	方差 $V(Z)$	分布参数
对数高斯分布	$\exp\left(m + \dfrac{s^2}{2}\right)$	$\exp(2 \cdot m + 2 \cdot s^2)$ $- \exp(2 \cdot m + s^2)$	$\begin{cases} m = \ln\left(\dfrac{E^2(Z)}{\sqrt{V(Z) + E^2(Z)}}\right) \\ s = \ln\left(\sqrt{\dfrac{V(Z) + E^2(Z)}{E^2(Z)}}\right) \end{cases}$

(续)

分布	期望值 $E(Z)$	方差 $V(Z)$	分布参数
均匀分布	$E(Z) = \dfrac{a+b}{2}$	$V(Z) = \dfrac{(b-a)^2}{12}$	$\begin{cases} a = E(Z) - \sqrt{3 \cdot V(Z)} \\ b = E(Z) + \sqrt{3 \cdot V(Z)} \end{cases}$

5.2.2 输入变量实现序列的生成

如上所述，测量模型的随机输入变量是针对两个变量的仿真产生的。第一个假设变量之间没有相关性，第二个假设为变量之间按照指定的相关性级别实现生成。

5.2.3 不相关的输入变量

利用 MATLAB 环境内置的伪随机生成器函数输入随机变量的生成实现，随机变量分别表示式（3.17）和式（3.15）的单个输入量。伪随机生成器函数允许生成受特定概率密度函数约束的序列。生成器的参数同时也是概率密度函数的参数，由式（5.6）（对数高斯分布）或式（5.10）（均匀分布）计算得到。输入即式（5.6）和式（5.10）等式右侧的数据为给定输入变量的先验统计量，即其标准不确定度和期望值。

5 个输入变量的估计值见表 5.2。为了评估输入的标准不确定度对式（3.17）和式（3.15）的目标物体温度评估不确定度的影响，需要定义这些不确定度的变化范围。

表 5.2 为模拟合成标准不确定度分量而假设的式（3.17）的输入估计值

输入量	物体发射率 ε_{ob}	环境温度 T_o/K	大气温度 T_{atm}/K	相对湿度 ω	物像距离 d/m
估计值	0.9, 0.8, 0.6, 0.4	293	293	0.5	1100

表 5.3 所列为用于本研究模拟的输入变量相对于标准不确定度的变化范围。根据国际温标（ITS-90）的推荐，绝对热力学温标规定了环境温度和大气温度的百分比范围。

表 5.3 为模拟合成标准不确定度分量而假设的式（3.17）的相对标准不确定度范围

输入量	物体发射率 ε_{ob}	环境温度 T_o/K	大气温度 T_{atm}/K	相对湿度 ω	物像距离 d/m
不确定度范围/%	0~30	0~3	0~3	0~30	0~30

假设输入变量之间缺乏相关性，并分析最坏的可能情况，即变量的均匀分布。对于假设的期望值和实验标准差，生成了 $N = 10000$ 个的输入序列。图 5.1~图 5.5 所示为生成的输入的概率密度分布 $g(x_i)$（其中 x_i 为第 i 个输入变

量）对应的直方图。直方图是 20 位的归一化直方图（所有位高度之和为 1）。利用 MATLAB 的均匀随机生成器实现。模拟中使用的标定参数和测量条件是从 FLIR ThermaCAM pm595 LW 红外相机实验记录的热像图文件中读取的。标定参数与测量范围（-40～120℃）有关。图中的符号 E 为期望值，σ 为标准差。

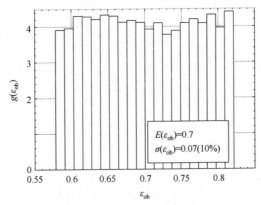

图 5.1 发射率 ε_{ob} 的变量概率密度函数（均匀分布）

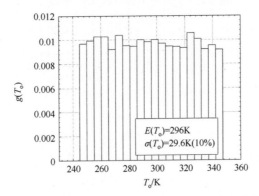

图 5.2 环境温度 T_o 的变量概率密度函数（均匀分布）

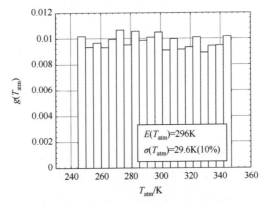

图 5.3 大气温度 T_{atm} 的变量概率密度函数（均匀分布）

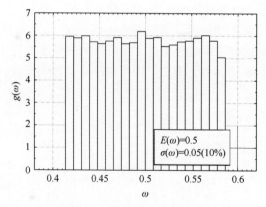

图 5.4　相对湿度 ω 的变量概率密度函数（均匀分布）

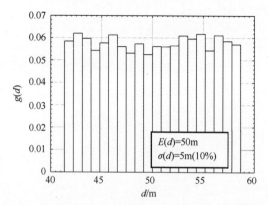

图 5.5　物像距离 d 的变量概率密度函数（均匀分布）

图 5.6 ~ 图 5.10 所示为对数高斯分布下输入变量实现的直方图。它们产生的统计数据（期望值和标准偏差）与之前相同，并用于模拟联合不确定度的分量。

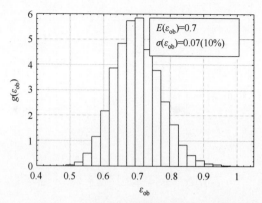

图 5.6　发射率 ε_{ob} 的变量概率密度函数（对数高斯分布）

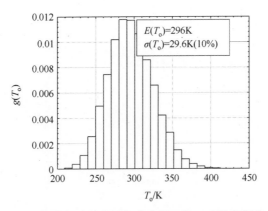

图 5.7　环境温度 T_o 的变量概率密度函数（对数高斯分布）

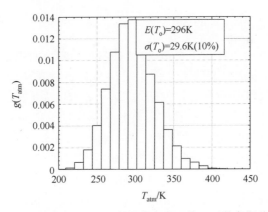

图 5.8　大气温度 T_{atm} 的变量概率密度函数（对数高斯分布）

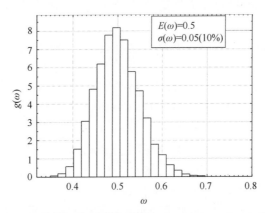

图 5.9　相对湿度 ω 的变量概率密度函数（对数高斯分布）

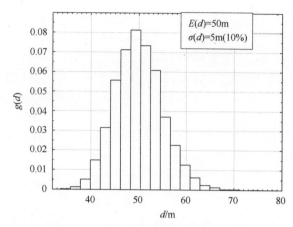

图 5.10 物像距离 d 的变量概率密度函数（对数高斯分布）

5.2.4 相关的输入变量

利用 MATLAB 及其统计工具箱（MATLAB 2005a）对组合标准不确定度分量进行仿真。下面描述的输入变量的生成是指 MATLAB 环境。函数 mvrnd() 能够直接生成边缘高斯分布的多维随机变量，还可以为生成的变量提供定义协方差矩阵的选项。因此，变量服从高斯分布，并且与定义的相关系数相互关联。然而，MATLAB 的统计工具箱并没有包含与 mvrnd() 等效的函数，从而用于生成任意边缘分布形状的多维随机变量。在 MATLAB (2005b) 中，有一种方法可以生成几乎任何（在统计工具箱中实现的）边缘分布的相关变量。该方法在本书中被用来生成式（3.17）和式（3.15）的相关输入变量。该方法的算法可分为以下步骤。

（1）生成所需数量的两个高斯随机变量数对。这些变量在协方差矩阵相应项指定的水平上相关。

（2）将这里用 ϕ 表示的高斯累积分布函数（CDF）应用于归一化高斯随机变量 Z，得到区间 $[0, 1]$ 上服从归一化均匀分布的随机变量 U。变量 $U = \phi(Z)$ 的 CDF 可表示为（MATLAB 2005b）

$$\Pr\{U \leq u_0\} = \Pr\{\phi(Z) \leq u_0\} = \Pr\{Z \leq \phi^{-1}(u_0)\} = u_0 \quad (5.11)$$

它是均匀随机变量 U 在区间 $[0, 1]$ 上的 CDF。

（3）根据一维随机变量的伪随机生成器理论，将任意概率分布 F 的逆 CDF 应用于（归一化均匀）随机变量 U，产生一个服从与 F 相同分布的随机变量。这个说法的证明是式（5.11）的逆。

因此，相关算法可以生成给定分布 F 的随机变量实现。如果对两个原始随机变量都重复生成操作，则继承原始变量相互依赖关系的结果输出变量将具有确定的概率分布。然而，非线性逆 CDF 的应用改变了原始变量的相互关系：

结果输出变量的线性相关系数与原始变量的相关系数不同。对于以这种方式相关的变量，建议使用秩相关（即定义变量之间非线性关系水平的系数）。在 MATLAB（2005b）中，用 Spearman 的秩相关 ρ 和 Kendall 的秩相关 τ 来评估随机变量之间的非线性相关程度。本书使用均匀分布作为相关变量的结果分布。在这种情况下，保留线性相关系数，因此它进一步用作变量之间关系的数值指标。

在 MATLAB 环境下实现了式（3.17）与式（3.15）相关输入变量的生成算法，程序主窗口如图 5.11 所示。

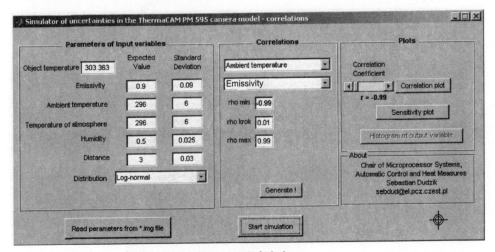

图 5.11 程序主窗口

该程序具有以下功能。
(1) 从热图文件中读取测量条件。
(2) 生成具有指定相关系数的输入变量实现序列。
(3) 结果的图形表示，包括：
① 互相关；
② 模型的合成标准不确定度对输入变量相关系数变化的灵敏度；
③ 输入变量的直方图。

为了说明目的，从程序中获得的结果如图 5.12~图 5.16 所示。图 5.12~图 5.16 所示为两个输入变量之间的相互关系：发射率 ε_{ob} 和环境温度 T_o，假设它们服从均匀概率分布。将期望值 $E(\varepsilon_{ob}) = 0.7$，标准差 $\sigma(\varepsilon_{ob}) = 0.07$（10%）赋给代表发射率 ε_{ob} 的随机变量，期望值 $E(T_o) = 296K$，标准差 $\sigma(T_o) = 29.6 K$（10%）赋值给代表环境温度 T_o 的随机变量。在相关系数 ρ 值分别为 -0.99、-0.50、0、0.50、0.99 的条件下，进行了 5 组仿真。

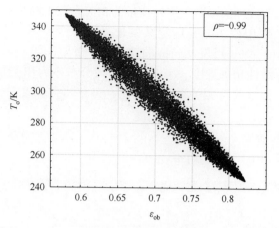

图 5.12　变量 ε_{ob} 和 T_o 的相关算法仿真，相关系数 $\rho = -0.99$（均匀分布）

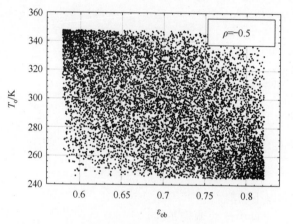

图 5.13　变量 ε_{ob} 和 T_o 的相关算法仿真，相关系数 $\rho = -0.5$（均匀分布）

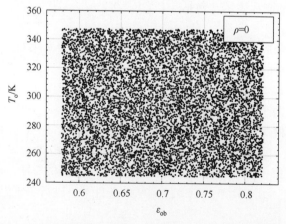

图 5.14　变量 ε_{ob} 和 T_o 的相关算法仿真，相关系数 $\rho = 0$（不相关变量，均匀分布）

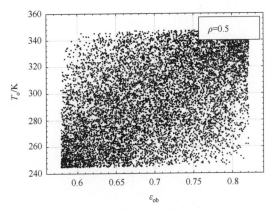

图 5.15　变量 ε_{ob} 和 T_o 的相关算法仿真，相关系数 $\rho = 0.5$（均匀分布）

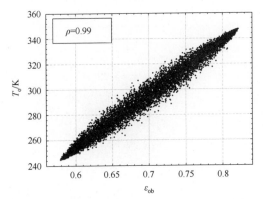

图 5.16　变量 ε_{ob} 和 T_o 的相关算法仿真，相关系数 $\rho = 0.99$（均匀分布）

如前所述，所考虑的测量模型的输入变量同样使用对数高斯分布生成，并且对该分布的相关算法进行测试。图 5.17～图 5.21 所示的模拟结果是采用与均匀分布相同的期望值 E、标准差 σ 和相关系数 ρ（图 5.12～图 5.16）的情况下得到的。

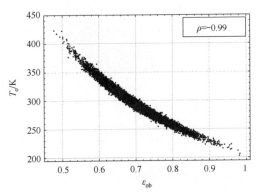

图 5.17　变量 ε_{ob} 和 T_o 的相关算法仿真，相关系数 $\rho = -0.99$（对数高斯分布）

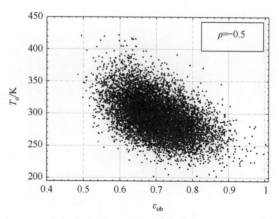

图 5.18　变量 ε_{ob} 和 T_o 的相关算法仿真，相关系数 $\rho = -0.5$（对数高斯分布）

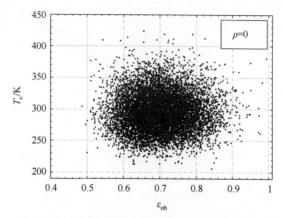

图 5.19　变量 ε_{ob} 和 T_o 的相关算法仿真，相关系数 $\rho = 0$（不相关变量，对数高斯分布）

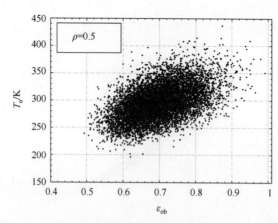

图 5.20　变量 ε_{ob} 和 T_o 的相关算法仿真，相关系数 $\rho = 0.5$（对数高斯分布）

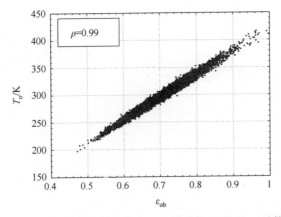

图 5.21 变量 ε_{ob} 和 T_o 的相关算法仿真,相关系数 $\rho = 0.99$(对数高斯分布)

接下来,5.4 节讨论利用上述算法研究的一对模型输入变量之间的相关性对采用红外热像仪进行温度评估的合成标准不确定度的影响。5.3 节则在假设模型输入变量不相关的情况下,评估和讨论合成标准不确定度的分量。

5.3 不相关输入变量的合成标准不确定度分量

采用作者在琴希托霍瓦工业大学电气系开发的软件对合成不确定度分量进行模拟。软件使用 MATLAB 7.1(R13 SP1)编写。MATLAB 的内置函数允许生成表示模型输入变量的随机变量。本节中的仿真涉及不相关输入变量的情况。

该计算程序最重要的功能如下。

(1) 使用用户定义的频率分布和参数生成系列实现(5.2 节)。

(2) 从热像图 AFF(AGEMA 文件格式)文件(工具包 IC2)和大气传输模型(式(3.15))中读取参考值和标定参数。

(3) 基于式(3.17)的处理算法仿真。

(4) 模拟结果的图形表示,包括:

① 输入量的频率直方图;

② 合成标准不确定度分量的频率直方图;

③ 合成标准不确定度分量的线性图。

红外相机测量模型仿真程序的主窗口如图 5.22 所示。

变量的频率分布由用户自定义参数生成的一系列实现来确定。对不确定度分量的模拟采用了 5.2 节中描述的两种概率分布,即均匀分布和对数高斯分布。本节研究了式(3.17)和式(3.15)的 5 个输入变量的概率分布对模型输出变量概率分布函数的影响。仿真的目的是评估处理算法的不确定度分量与特定输入对联合不确定度的影响。

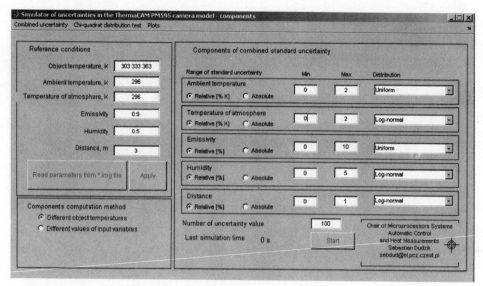

图 5.22　用于模拟 ThermaCAM PM 595 相机测量模型灵敏度的程序主窗口

第 4 章的误差模拟示例分别对目标温度的 4 个值：30℃（303K）、50℃（323K）、70℃（343K）和 90℃（363K）进行了不确定度分析，参考值的设置见表 5.2，表 5.3 则给出了为模拟假设的输入变量不确定度的范围。为了研究合成标准不确定度的特定分量对发射率 ε_{ob} 和物像距离 d 的依赖性，对 4 个不同的 ε_{ob} 值和两个 d 值的处理算法进行了仿真。

5.3.1　与物体发射率相关的合成标准不确定度分量

图 5.23 和图 5.24 所示为与物体发射率不确定度 $u(\varepsilon_{ob})$ 相关的不确定度分量的模拟结果，假设概率分布均匀。对表 5.2 所列的物体发射率 ε_{ob} 的 4 个值和物像距离 d 的两个值进行了模拟。

假设 $d = 100$m，与物体发射率不确定度 $u(\varepsilon_{ob})$ 相关的不确定度分量的模拟结果如图 5.24 所示。

通过分析图 5.23 和图 5.24 中的曲线，可以得出以下结论。

（1）与物体发射率 ε_{ob} 相关的合成标准不确定度的分量 $u(T_{ob})$ 在很大程度上依赖于物体温度 T_{ob}。例如，由图 5.23（a）可以看出：在所研究的物体发射率 $u(\varepsilon_{ob})$ 最大标准不确定度为 30% 的范围内，如果物体温度增加 60K（从 303K 增加到 363K），则会导致相对组合标准不确定度增加 5 倍（从约 1% 增加到超过 5%）。

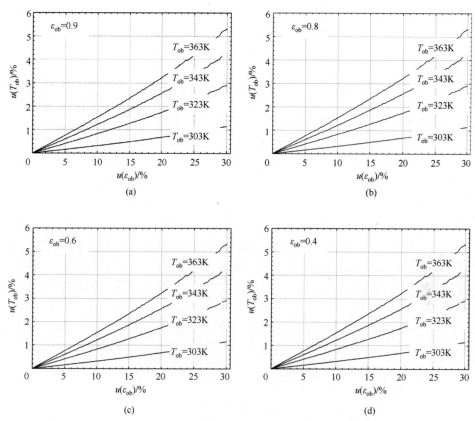

图 5.23 与物体发射率 ε_{ob} 相关的相对标准不确定度分量的模拟结果
（均匀分布，物像距离 $d=1\mathrm{m}$）

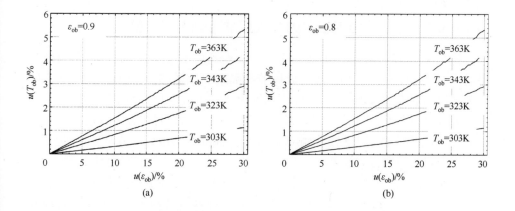

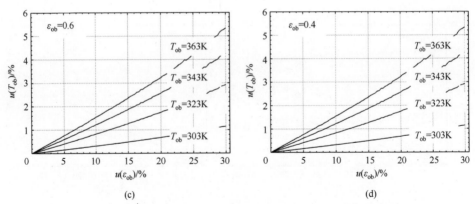

图 5.24 与物体发射率 ε_{ob} 相关的相对标准不确定度分量的模拟结果
（均匀分布，物像距离 $d = 100\text{m}$）

（2）物体发射率的假设值并不影响所研究的合成标准不确定度的分量。例如，由图 5.23（a）~（d）可以看出：对于物体温度 $T_{ob} = 323\text{K}$，当标准不确定度 $u(\varepsilon_{ob}) = 30\%$ 时，合成标准不确定度分量的值相同，即 $u(T_{ob}) = 3\%$。

（3）与物体发射率 ε_{ob} 相关的合成标准不确定度的分量 $u(T_{ob})$ 与假设的物像距离 d 无关。事实上，通过对比图 5.23 和图 5.24 可以看出：无论物体温度 T_{ob} 如何变化，物体温度 T_{ob} 相对于发射率 ε_{ob} 的相关不确定度的变化曲线在两幅图中是相同的。

（4）根据物体温度的合成标准不确定度分量 $u(T_{ob})$ 的模拟结果，将相对于物体发射率不确定度的分量与其他参数分量的结果（本节后续进一步介绍）进行比较，可以看出，与物体发射率相关的标准不确定度对模型温度测量的合成标准不确定度影响最为显著。

5.3.2 与环境温度相关的合成标准不确定度分量

如 5.3.1 节所述，在物体发射率和物像距离取不同值的条件下，对与环境温度的不确定度 $u(T_o)$ 相关的合成标准不确定度分量进行了模拟。图 5.25 所示为 $d = 1\text{m}$ 的模拟结果，图 5.26 所示则为 $d = 100\text{m}$ 的模拟结果。

通过分析图 5.25 和图 5.26 所示的计算结果，可以得出如下结论。

（1）与环境温度 T_o 相关的物体温度合成标准不确定度的分量 $u(T_{ob})$ 在很大程度上取决于物体发射率。比较图 5.25（a）~（d）中与物体温度 $T_{ob} = 343\text{K}$ 对应的图表，可以看出：对于 $u(T_o) = 3\%$，所研究的分量从 $\varepsilon_{ob} = 0.9$ 时的约 0.2% 增加到 $\varepsilon_{ob} = 0.4$ 时的约 2.6%。仿真结果表明，该分量随物体发射率的增大而减小。

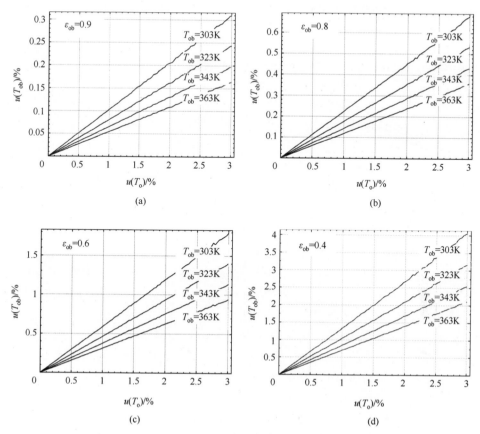

图 5.25　与环境温度 T_o 相关的相对标准不确定度分量的模拟结果
（均匀分布，物像距离 $d=1\text{m}$）

（2）该分量同样依赖于假定的物体温度 T_{ob}。例如，从图 5.25（d）可以看出：当环境温度的不确定度 $u(T_o)=3\%$ 和物体温度 $T_{ob}=363\text{K}$ 时，与 T_o 相关的 $u(T_{ob})\approx 2\%$；而当物体温度 $T_{ob}=303\text{K}$ 时，$u(T_{ob})\approx 4\%$。此外，图 5.25 和图 5.26 中的所有曲线均显示，物体温度 T_{ob} 越高，则环境温度的不确定度 $u(T_o)$ 对合成标准不确定度的影响越弱。

（3）通过以上的观察，可以得出结论：对于非常高的待测温度，特别是当物体的发射率也很高时，环境温度的不确定度对温度测量精度的影响可以忽略不计。这一结论对红外热像仪的测量实践具有重要指导意义。

（4）通过比较图 5.25 和图 5.26 可以看出：所研究的相对组合标准不确定度的分量与物像距离 d 几乎无关。

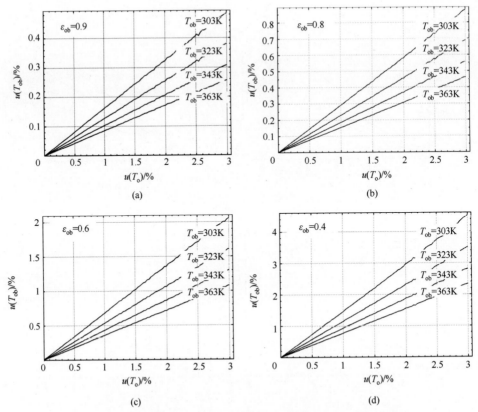

图 5.26 与环境温度 T_o 相关的相对标准不确定度分量的模拟结果
（均匀分布，物像距离 $d = 100m$）

5.3.3 与大气温度相关的合成标准不确定度分量

图 5.27 和图 5.28 所示为与大气温度不确定度 $u(T_{atm})$ 相关的不确定度分量的模拟结果。模拟条件与前面给定的条件相同。

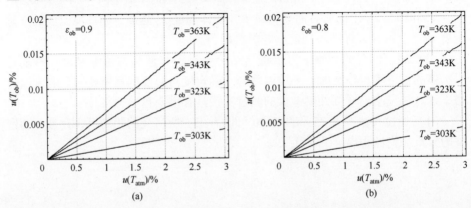

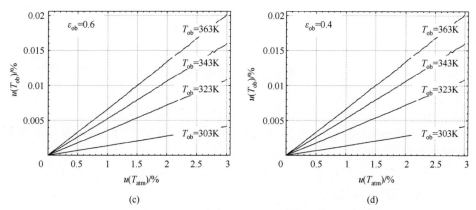

图 5.27 与环境温度 T_{atm} 相关的相对标准不确定度分量的模拟结果
（均匀分布，物像距离 $d=1\mathrm{m}$）

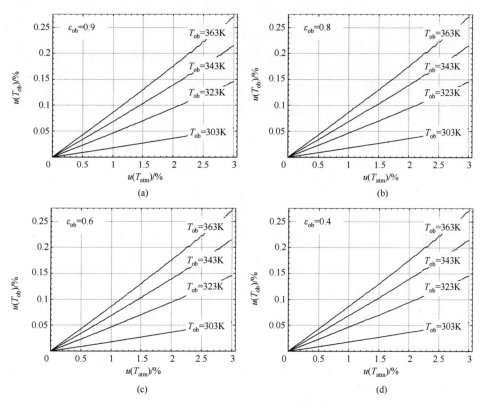

图 5.28 与环境温度 T_{atm} 相关的相对标准不确定度分量的模拟结果
（均匀分布，物像距离 $d=100\mathrm{m}$）

通过分析图 5.27 和图 5.28 中的曲线，可以得出以下结论。

（1）物体发射率 ε_{ob} 不影响图 5.27 和图 5.28 中与大气温度 T_{atm} 相关的相对标准不确定度的分量。

（2）与大气温度 T_{atm} 相关的分量 $u(T_{ob})$ 依赖于物体温度 T_{ob}。例如，从图 5.28（c）可以看出：对于 $u(T_{atm})$ = 3%，当 T_{ob} = 303K 时，$u(T_{ob})$ 略高于 0.05%，而当 T_{ob} = 363K 时，$u(T_{ob})$ ≈ 0.3%，几乎是之前的 6 倍。

（3）对比图 5.27 和图 5.28 的结果可以看出：所研究的不确定度分量取决于物像距离 d。例如，当 $u(T_{atm})$ = 3% 和 T_{ob} = 323K 时，从图 5.27（b）中读取的 $u(T_{ob})$ 略高于 0.01%，而从图 5.28（b）中读取的 $u(T_{ob})$ 约为 0.15%，后者是前者的 15 倍以上。

（4）通过上述对与 T_{atm} 相关的不确定度分量 $u(T_{ob})$ 的仿真分析，可以得出其对温度测量合成标准不确定度的贡献几乎可以忽略不计的结论。标准不确定度 $u(T_{atm})$ 仅在非常长的物像距离 d 的情况下会对合成标准不确定度产生明显的影响。

5.3.4　与大气相对湿度相关的合成标准不确定度分量

与大气相对湿度不确定度 $u(\omega)$ 相关的组合不确定度分量的仿真结果如图 5.29 和图 5.30 所示。与之前一样，对 4 个不同的发射率 ε_{ob} 值和两个物像距离 d 值进行了仿真。

根据图 5.29 和图 5.30 所示的计算结果，可以得出以下结论。

（1）与不确定度 $u(\omega)$ 相关的合成标准不确定度的分量 $u(T_{ob})$ 与物体发射率 ε_{ob} 无关（图 5.29 和图 5.30）。由图 5.30（a）～（d）可以看出，在所有 4 种情况中，所研究分量的曲线图是相同的。实际上，以图 5.30 中 $u(\omega)$ = 30% 和 T_{ob} = 363K 的计算结果为例，可以看出在所有 4 种情况下，分量 $u(T_{ob})$ 的值均约为 0.15%。

（2）与不确定度 $u(\omega)$ 相关的合成标准不确定度的分量取决于目标温度 T_{ob}，其对温度测量总不确定度的贡献随 T_{ob} 的增大而增大。对于 d = 1m（图 5.29）和 d = 100m（图 5.30），任何固定的不确定度 $u(\omega)$ 对应的分量 $u(T_{ob})$ 都随 T_{ob} 的增大而增大。

（3）对比图 5.29 和图 5.30 的结果可以看出：与 $u(\omega)$ 相关的不确定度分量 $u(T_{ob})$ 取决于物像距离 d。例如，当 $u(\omega)$ = 30% 和 T_{ob} = 323K 时，从图 5.29（b）中读取的 $u(T_{ob})$ 约为 0.006%，而从图 5.30（b）中读取的 $u(T_{ob})$ 约为 0.08%，后者是前者的 10 倍以上。

（4）对大气相对湿度不确定度 $u(\omega)$ 相关的相对标准不确定度分量的仿真分析表明，该不确定度分量可以忽略不计。此分量对温度测量合成标准不确定度的影响甚至比前面讨论的与 $u(T_{atm})$ 有关的影响还要弱。

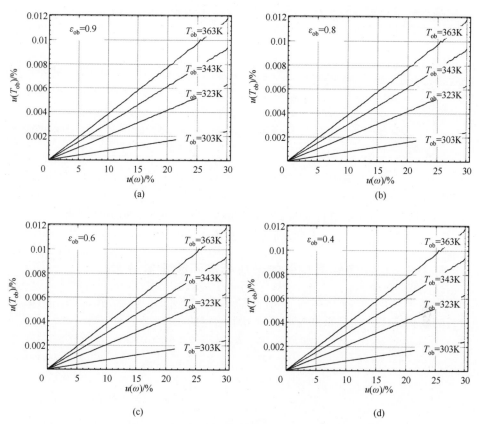

图5.29 与大气相对湿度 ω 相关的相对标准不确定度分量的模拟结果
（均匀分布，物像距离 $d=1\text{m}$）

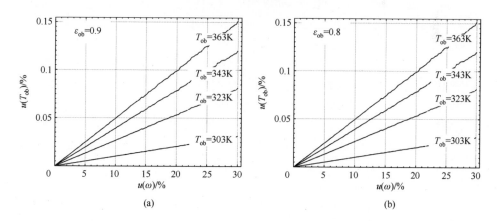

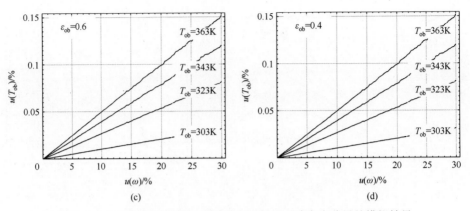

图 5.30 与大气相对湿度 ω 相关的相对标准不确定度分量的模拟结果
（均匀分布，物像距离 $d=100\mathrm{m}$）

5.3.5 与物像距离相关的合成标准不确定度分量

图 5.31 和图 5.32 所示为与物像距离 d 的不确定度 $u(d)$ 相关的不确定度分量的模拟结果。模拟条件与前面章节中给定的条件相同。

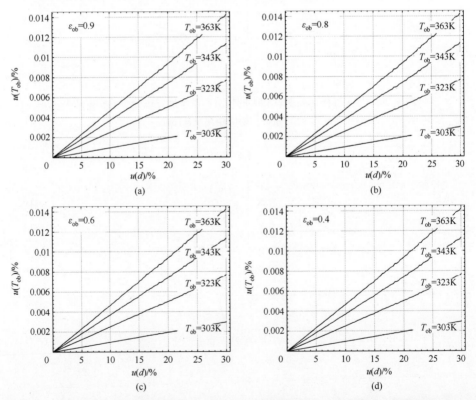

图 5.31 与物像距离 d 相关的相对标准不确定度分量的模拟结果（均匀分布，物像距离 $d=1\mathrm{m}$）

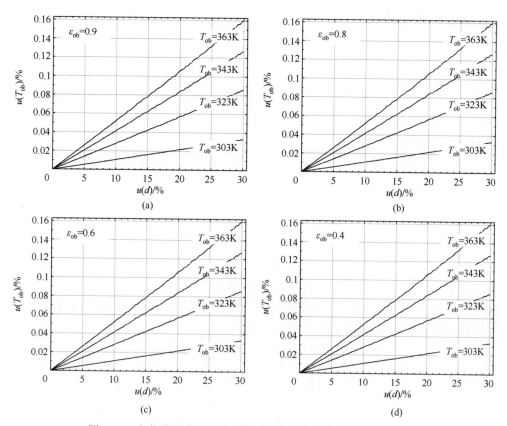

图 5.32　与物像距离 d 相关的相对标准不确定度分量的模拟结果
（均匀分布，物像距离 $d=100\mathrm{m}$）

对图 5.31 和图 5.32 所示的曲线进行分析，可以得出以下结论。

（1）与物像距离相关的不确定度分量与模拟中假设的物体发射率无关（如前面讨论的与 ε_{ob}、T_{atm} 和 ω 相关的分量）。例如，由图 5.31（a）~（d）可以看出，当 $u(d)=30\%$、$T_{ob}=363\mathrm{K}$ 时，对于 4 种情况下的 ε_{ob}，该不确定度分量均为 $u(T_{ob})=0.014\%$。

（2）所研究的分量取决于物体温度 T_{ob}，其对相对合成标准不确定度的贡献随 T_{ob} 的增加而增加。事实上，从图 5.32（a）中可以看出，当 $u(d)=30\%$，$T_{ob}=303\mathrm{K}$ 时，与物像距离 d 相关的不确定度分量约为 0.03%，而当 $T_{ob}=363\mathrm{K}$ 时，则超过 0.15%。

（3）由图 5.31 和图 5.32 的对比结果可以看出，所研究的分量取决于物像距离 d。例如，当 $u(T_{atm})=30\%$ 和 $T_{ob}=323\mathrm{K}$ 时，从图 5.31（b）中读取的 $u(T_{ob})$ 约为 0.008%，而从图 5.32（b）中读取的 $u(T_{ob})$ 约为 0.08%，即后者是前者的 10 倍。

(4) 通过对图 5.31 和图 5.32 所示模拟结果的分析，可以看出：即使对于较大的不确定度 $u(d)$，在实践中也可以忽略与物像距离 d 相关的不确定度分量对整个不确定度的影响。

将第 4 章中进行的误差分析与上述不确定度分析进行比较，可以得出结论：在这两种情况下，与相同输入量相关的分量（总误差或合成不确定度）表现出相似的特征。

5.4 相关输入变量的合成标准不确定度仿真

5.4.1 引言

5.3 节研究了式 (3.17) 和式 (3.15)（图 3.10 (b) ~ (d)）的特定输入变量对红外热成像测量相对合成标准不确定度的影响。在输入变量不相关的情况下，对模型进行仿真可以评估合成不确定度的分量。实际上，两个或多个输入量的测量可能在统计上相关。两个随机变量之间的互相关定性地表示为 $1 \leq \rho \leq 1$，并由文献（Taylor，1997）定义为

$$\rho = \frac{\sum (x_i - \bar{x})(y_i - \bar{y})}{\left[\sum (x_i - \bar{x})^2 \sum (y_i - \bar{y})^2 \right]^{1/2}} \quad (5.12)$$

本节关注式 (3.17) 和式 (3.15)（图 3.10 (b) ~ (d)）的输入变量数对之间的相关性对相对合成标准不确定度的影响。模型的模拟基于 5.1 节所述的方法。图 5.12 ~ 图 5.21 的案例所示为使用相关算法生成的表示所研究模型的单个输入量的随机变量分布。以下给出了每一对输入变量的仿真结果。表 5.4 和表 5.5 分别给出了模拟的输入数据，即输入量的假设估计和相对标准不确定度。

表 5.4 分析式 (3.17) 和式 (3.15)（图 3.10 (b) ~ (d)）输入之间的相关性对相对合成标准不确定度 $u_c(T_{ob})$ 的影响时假设的输入变量估计值

物体发射率 ε_{ob}	环境温度 T_o/K	大气温度 T_{atm}/K	相对湿度 ω	物像距离 d/m
0.9, 0.8, 0.6, 0.4	293	293	0.5	50, 100

表 5.5 分析式 (3.17) 和式 (3.15)（图 3.10 (b) ~ (d)）输入之间的相关性对相对合成标准不确定度 $u_c(T_{ob})$ 的影响时假设的输入变量不确定度

物体发射率 ε_{ob}	环境温度 T_o/K	大气温度 T_{atm}/K	相对湿度 ω	物像距离 d/m
10%	10%	10%	10%	10%

针对目标物体温度的 3 个选定值：$T_{ob} = 323K$（50℃）、$T_{ob} = 343K$（70℃）和 $T_{ob} = 363K$（90℃）进行了温度测量合成不确定度对输入变量间互相关的依

赖关系分析。由于在现实中准确的环境温度是未知的，所以假设它等于大气温度 T_{atm}（如前所述）。因此，见表5.5，合成不确定度对输入变量间互相关的依赖性通过考虑物像距离 d 所产生的标准不确定度进行了研究。

本书所考虑的情况并没有穷尽组合不确定度对模型输入变量间互相关的依赖性问题。这是因为这种依赖性受到测量条件（即影响量的估计、特定输入变量的标准不确定性等）的强烈影响。Minkina、Dudzik（2005）、Dudzik（2005）和 Dudzik、Minkina（2007）讨论了测量条件的其他案例。

5.4.2 红外相机模型和大气传输模型中各输入变量之间的相关性

假设式（3.17）和式（3.15）（图3.10）的随机变量数对之间存在相关性，对物体温度的合成标准不确定度 $u_c(T_{ob})$ 的模拟如图5.33～图5.52所示，图中是两个指定输入变量的 $u_c(T_{ob})$ 与相关系数 ρ 的关系图。

图5.33和图5.34所示为在物像距离分别为 $d=50\text{m}$ 和 100m 时，变量物体发射率 ε_{ob} 和环境温度 T_o 之间的相关结果。模拟中假设的 d 值符合实际情况：一方面，对于较短的物像距离，大气传输的影响可以忽略；另一方面，距离 $d=100\text{m}$ 似乎是红外热像仪中大多数典型测量情况下的上限。

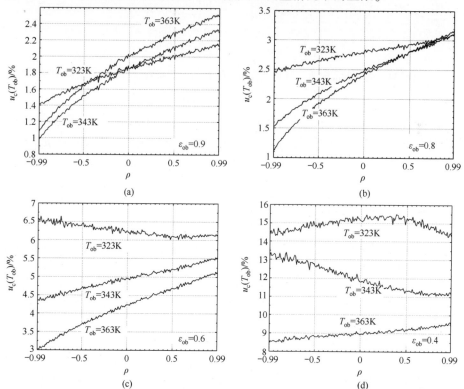

图5.33 $d=50\text{m}$ 时表示随机变量 ε_{ob} 和 T_o 的相关系数 ρ 与相对合成标准不确定度 $u_c(T_{ob})$ 的模拟

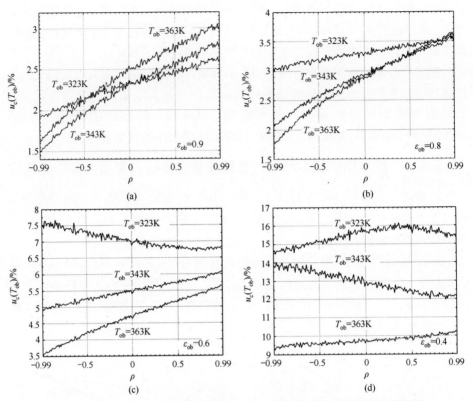

图 5.34　$d=100\text{m}$ 时表示随机变量 ε_{ob} 和 T_o 的相关系数 ρ 与相对合成标准不确定度 $u_c(T_{ob})$ 的模拟

图 5.35 和图 5.36 所示为物像距离 $d=50\text{m}$、$d=100\text{m}$ 时，表示随机变量物体发射率 ε_{ob} 和环境温度 T_{atm} 之间的相关系数 ρ 与合成标准不确定度 $u_c(T_{ob})$ 的模拟。

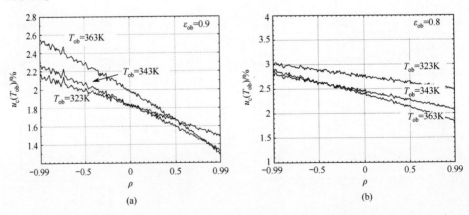

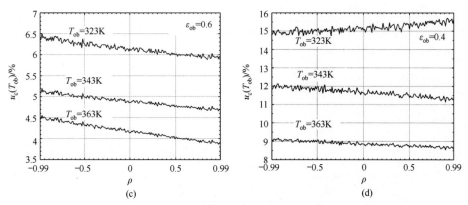

图 5.35 $d=50\mathrm{m}$ 时表示随机变量 ε_{ob} 和 T_{atm} 的相关系数 ρ 与相对合成标准不确定度 $u_c(T_{ob})$ 的模拟

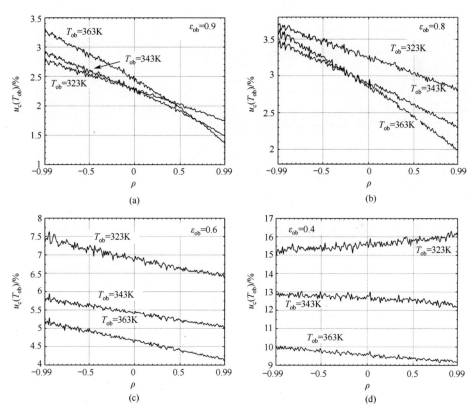

图 5.36 $d=100\mathrm{m}$ 时表示随机变量 ε_{ob} 和 T_{atm} 的相关系数 ρ 与相对合成标准不确定度 $u_c(T_{ob})$ 的模拟

在假设随机变量物体发射率 ε_{ob} 和大气相对湿度 ω 之间存在相关性的条件下，分别对物像距离 $d=50\mathrm{m}$、$d=100\mathrm{m}$ 时的合成标准不确定度 $u_c(T_{ob})$ 与随机变量相关系数 ρ 进行了模拟，结果如图 5.37 和图 5.38 所示。

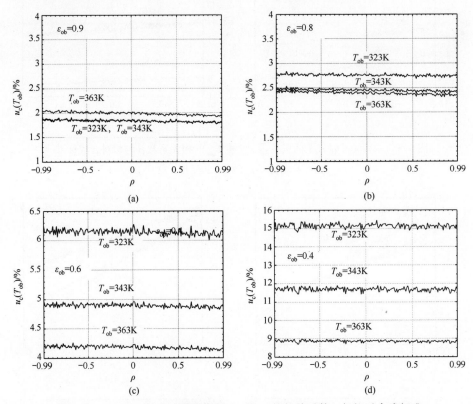

图 5.37 $d=50\mathrm{m}$ 时表示随机变量 ε_{ob} 和 ω 的相关系数 ρ 与相对合成标准不确定度 $u_c(T_{ob})$ 的模拟

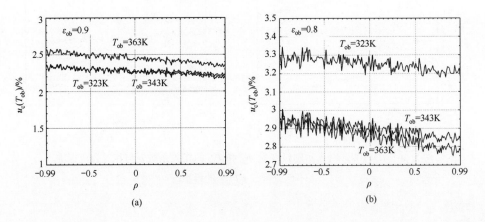

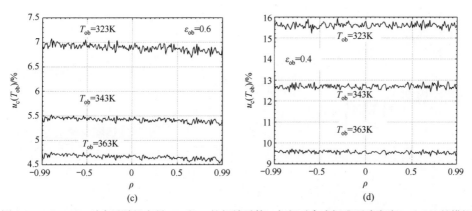

图 5.38　$d=100\mathrm{m}$ 时表示随机变量 ε_{ob} 和 ω 的相关系数 ρ 与相对合成标准不确定度 $u_c(T_{ob})$ 的模拟

在假设随机变量物体发射率 ε_{ob} 和物像距离 d 之间存在相关性的条件下，分别对物像距离 $d=50\mathrm{m}$、$d=100\mathrm{m}$ 时的合成标准不确定度 $u_c(T_{ob})$ 与随机变量相关系数 ρ 进行了模拟，结果如图 5.39 和图 5.40 所示。

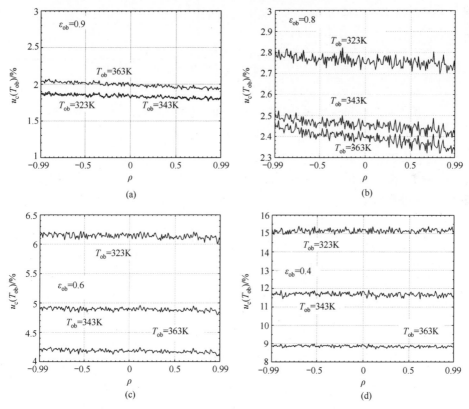

图 5.39　$d=50\mathrm{m}$ 时表示随机变量 ε_{ob} 和 d 的相关系数 ρ 与相对合成标准不确定度 $u_c(T_{ob})$ 的模拟

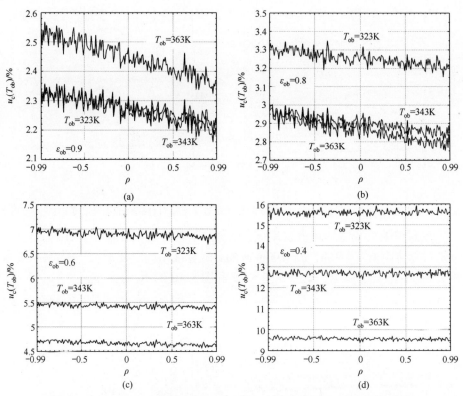

图 5.40　$d=100\mathrm{m}$ 时表示随机变量 ε_{ob} 和 d 的相关系数 ρ 与相对合成标准不确定度 $u_c(T_{ob})$ 的模拟

在假设随机变量环境温度 T_o 和大气温度 T_{atm} 之间存在相关性的条件下，分别对物像距离 $d=50\mathrm{m}$、$d=100\mathrm{m}$ 时的合成标准不确定度 $u_c(T_{ob})$ 与随机变量相关系数 ρ 进行了模拟，结果如图 5.41 和图 5.42 所示。

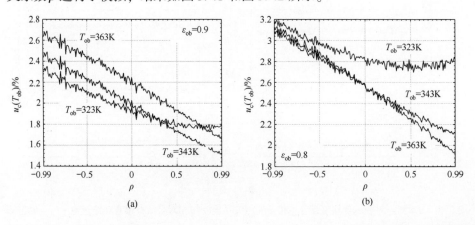

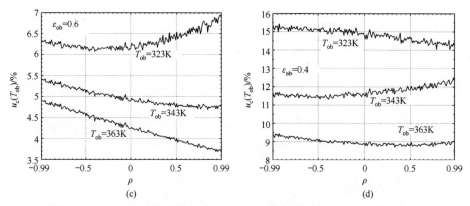

图 5.41 $d=50\text{m}$ 时表示随机变量 T_o 和 T_atm 的相关系数 ρ 与相对合成标准不确定度 $u_\text{c}(T_\text{ob})$ 的模拟

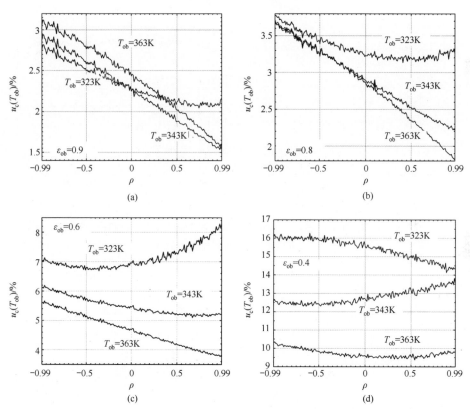

图 5.42 $d=100\text{m}$ 时表示随机变量 T_o 和 T_atm 的相关系数 ρ 与相对合成标准不确定度 $u_\text{c}(T_\text{ob})$ 的模拟

在假设随机变量环境温度 T_o 和大气相对湿度 ω 之间存在相关性的条件下，分别对物像距离 $d=50\text{m}$、$d=100\text{m}$ 时的合成标准不确定度 $u_c(T_{ob})$ 与随机变量相关系数 ρ 进行了模拟，结果如图 5.43 和图 5.44 所示。

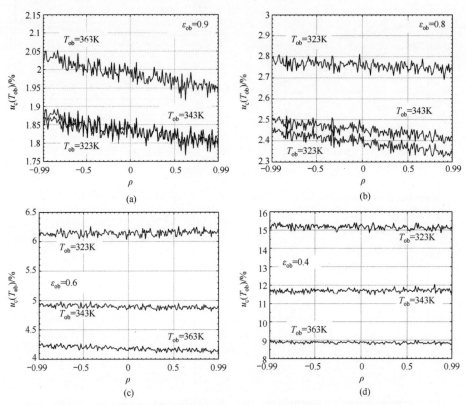

图 5.43　$d=50\text{m}$ 时表示随机变量 T_o 和 ω 的相关系数 ρ 与相对合成标准不确定度 $u_c(T_{ob})$ 的模拟

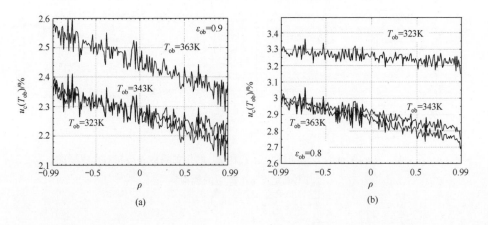

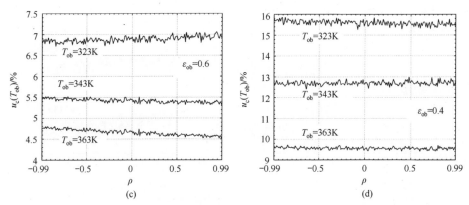

图 5.44　$d=100m$ 时表示随机变量 T_o 和 ω 的相关系数 ρ 与相对合成标准不确定度 $u_c(T_{ob})$ 的模拟

在假设随机变量环境温度 T_o 和物像距离 d 之间存在相关性的条件下，分别对物像距离 $d=50m$、$d=100m$ 时的合成标准不确定度 $u_c(T_{ob})$ 与随机变量相关系数 ρ 进行了模拟，结果如图 5.45 和图 5.46 所示。

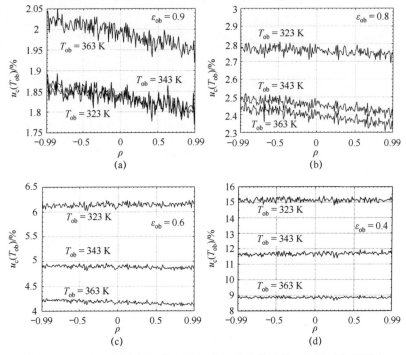

图 5.45　$d=50m$ 时表示随机变量 T_o 和 d 的相关系数 ρ 与相对合成标准不确定度 $u_c(T_{ob})$ 的模拟

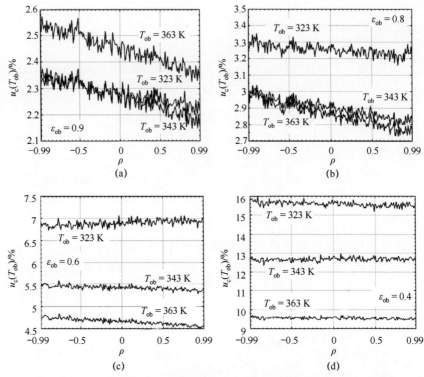

图 5.46　$d=100\mathrm{m}$ 时表示随机变量 T_o 和 d 的相关系数 ρ 与相对合成标准不确定度 $u_c(T_{ob})$ 的模拟

在假设随机变量大气温度 T_{atm} 和大气相对湿度 ω 之间存在相关性的条件下,分别对物像距离 $d=50\mathrm{m}$、$d=100\mathrm{m}$ 时的合成标准不确定度 $u_c(T_{ob})$ 与随机变量相关系数 ρ 进行了模拟,结果如图 5.47 和图 5.48 所示。

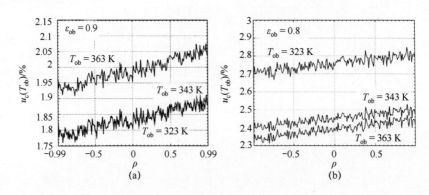

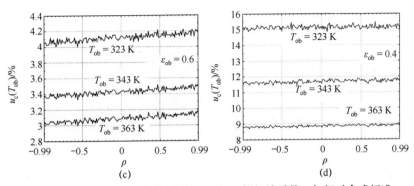

图 5.47　$d=50\text{m}$ 时表示随机变量 T_{atm} 和 ω 的相关系数 ρ 与相对合成标准不确定度 $u_{\text{c}}(T_{\text{ob}})$ 的模拟

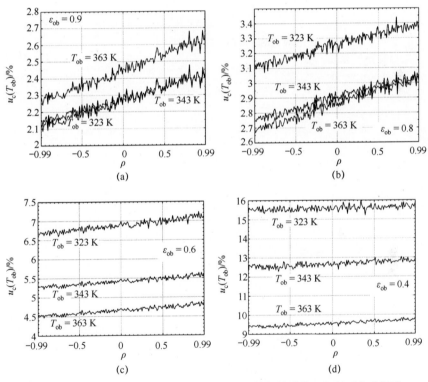

图 5.48　$d=100\text{m}$ 时表示随机变量 T_{atm} 和 ω 的相关系数 ρ 与相对合成标准不确定度 $u_{\text{c}}(T_{\text{ob}})$ 的模拟

在假设随机变量大气温度 T_{atm} 和物像距离 d 之间存在相关性的条件下，分别对物像距离 $d=50\text{m}$、$d=100\text{m}$ 时的合成标准不确定度 $u_{\text{c}}(T_{\text{ob}})$ 与随机变量相关系数 ρ 进行了模拟，结果如图 5.49 和图 5.50 所示。

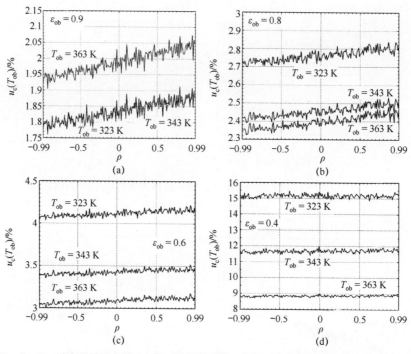

图 5.49　$d=50$m 时表示随机变量 T_{atm} 和 d 的相关系数 ρ 与相对合成标准不确定度 $u_c(T_{ob})$ 的模拟

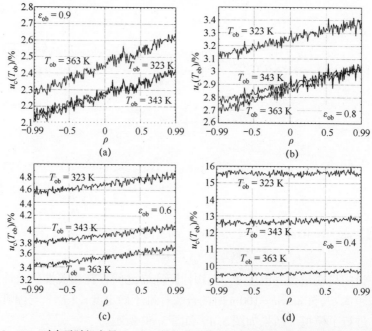

图 5.50　$d=100$m 时表示随机变量 T_{atm} 和 d 的相关系数 ρ 与相对合成标准不确定度 $u_c(T_{ob})$ 的模拟

在假设随机变量大气相对湿度 ω 和物像距离 d 之间存在相关性的条件下，分别对物像距离 $d=50\text{m}$、$d=100\text{m}$ 时的合成标准不确定度 $u_c(T_{ob})$ 与随机变量相关系数 ρ 进行了模拟，结果如图 5.51 和图 5.52 所示。

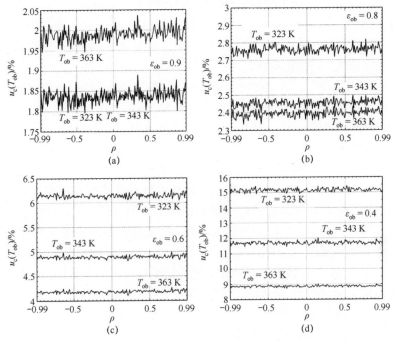

图 5.51　$d=50\text{m}$ 时表示随机变量 ω 和 d 的相关系数 ρ 与相对合成标准不确定度 $u_c(T_{ob})$ 的模拟

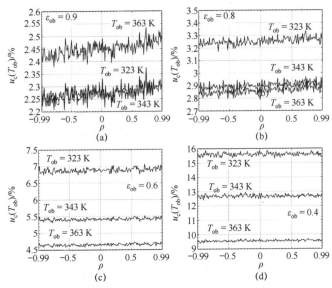

图 5.52　$d=100\text{m}$ 时表示随机变量 ω 和 d 的相关系数 ρ 与相对合成标准不确定度 $u_c(T_{ob})$ 的模拟

5.4.3 结论

考虑到红外相机测量模型输入变量之间可能存在的互相关性，通过上述对合成标准不确定度 $u_c(T_{ob})$ 的仿真分析，可以得出以下结论。

（1）式（3.17）和式（3.15）（图 3.10（b）～（d））的合成标准不确定度 $u_c(T_{ob})$ 主要取决于表示输入变量的物体发射率 ε_{ob} 的与环境温度 T_o 之间的相关性（图 5.33 和图 5.34）。

（2）相同条件下，合成标准不确定度 $u_c(T_{ob})$ 与变量 ε_{ob} 和 T_o 之间相关性的关系取决于物像距离 d。例如，对比图 5.33（a）和图 5.34（a）可以看到：当 $d=50m$ 和 $d=100m$ 时，$u_c(T_{ob})$ 的曲线并不相同。

（3）相同条件下，变量 ε_{ob} 和 T_o 之间相关性对合成标准不确定度 $u_c(T_{ob})$ 的影响程度取决于物体温度 T_{ob}（图 5.33 和图 5.34）。

（4）相同条件下，变量 ε_{ob} 和 T_o 之间相关性对合成标准不确定度 $u_c(T_{ob})$ 的影响程度取决于物体发射率 ε_{ob}（例如比较图 5.33（a）～（d））。

（5）图 5.35 和图 5.36 中的曲线表明，合成标准不确定度 $u_c(T_{ob})$ 取决于表示输入变量的物体发射率 ε_{ob} 与大气温度 T_{atm} 之间的相关性。此外，从图 5.35 和图 5.36 可以看出，这种相关性的影响随着 ε_{ob} 的减小而减小。

（6）图 5.35 和图 5.36 表明，物体温度 T_{ob} 对合成标准不确定度 $u_c(T_{ob})$ 与相关系数 ρ 的函数的影响随 ε_{ob} 的减小而增大，如通过比较图 5.36（a）和图 5.36（c）也可以注意到这种趋势。这些图中的曲线随着物体发射率 ε_{ob} 的降低而发散。对于所有相关的输入变量数对，都可以观察到这种影响效应。因此，可以得出结论：物体发射率越小，函数 $u_c(T_{ob})=f(\rho)$ 就越依赖于物体温度 T_{ob}。这是由于合成标准不确定度 $u_c(T_{ob})$ 的所有分量均由物体温度 T_{ob} 的强相关所致。

（7）从图 5.41 和图 5.42 可以观察到合成标准不确定度 $u_c(T_{ob})$ 也取决于环境温度 T_o 和大气温度 T_{atm} 之间的相关性。例如，通过图 5.41（a）～（d）的比较表明，T_o 和 T_{atm} 之间的相关性对合成标准不确定度 $u_c(T_{ob})$ 的影响随 ε_{ob} 的减小而减小。从图 5.41 和图 5.42 还可以看出，物像距离 d 原则上不影响合成标准不确定度的曲线。模拟中假设的 d 值符合实际情况：对于较短的物像距离，大气传输的影响可以忽略不计；另一方面，距离 $d=100m$ 似乎是大多数红外热成像测量的上限。

（8）对仿真结果的分析表明，合成标准不确定度 $u_c(T_{ob})$ 本质上只取决于上述输入变量对之间的相关性：即 ε_{ob} 与 T_o、ε_{ob} 与 T_{atm}、T_o 与 T_{atm}。两个输入变量之间互相关的所有其他情况实际上并不影响合成标准不确定度（图 5.37～图 5.40）。

综上所述，可以认为式（3.17）和式（3.15）（图 3.10（b）～（d））输

入变量之间的相关性对红外热像测温相对不确定度 $u_c(T_{ob})$ 的影响在很大程度上取决于测量条件。通过观察 $u_c(T_{ob})$ 曲线，可以得出结论，即所得到的值对总不确定度的贡献不大。然而，结果与在相对较低的置信水平下确定的 1 - 西格玛不确定度有关。为了确定扩展不确定度，标准不确定度应乘以一个扩展因子，参见式（1.20），由此导致变量的相关性对不确定度的影响也会增加。此外，仿真分析还会涉及相对不确定度。通过重新计算图表中显示的绝对不确定度值（用 K 表示），可以得到相关性的实际影响。例如，当输入变量不相关（$\rho = 0$）时，图 5.33（d）中 $T_{ob} = 343K$ 的相对不确定度约为 12%，即绝对值约为 41K。从同一幅图（$T_{ob} = 343K$）还可以看出，当 $\rho = 0.99$（高正相关）时，相对不确定度约为 11.5%，因此绝对不确定度约为 39K；当 $\rho = -0.99$（高负相关）时，相对不确定度约为 13.5%，因此绝对不确定度约为 46K。该例说明了合成标准不确定度的绝对值之间的差异非常大。之所以关注合成标准不确定度 $u_c(T_{ob})$ 依赖于发射率 ε_{ob} 和 T_o 之间的相关性，以及在上述例子中选择这一对变量的原因，并不是纯理论上的考量。如 2.3 节所述，物体的发射率取决于其温度。由于实际研究对象为灰体（$\varepsilon_{ob} < 1$），发射率的评估很大程度上取决于环境辐射，而环境辐射又取决于温度。2.3 节的例 2.3 描述的是在开放测量腔室内的发射率测量，将物体置于开放腔室内，目的是使测量尽可能独立于环境辐射。然而，将物体与其周围环境完全分离是不可能的，因此环境辐射（对应环境温度 T_o）在一定程度上会影响红外热成像测量。考虑到 ε_{ob} 和 T_o 之间的互相关不只是一个纯理论问题，在实际的红外热成像测量中可能也是必要的，因为正如所展示的，这种相关性对组合不确定度的影响是显著的。如果其他输入变量数对之间的相关性是可能的，则可以对它们进行类似的推导。例如，环境温度 T_o 与大气温度 T_{atm} 几乎总是强相关的，通常假设 T_o 等于 T_{atm} 或严格依赖于 T_{atm}，因为部分或全部处于被研究对象直接邻域内的辐射物体的温度，即环境温度 T_o 等于 T_{atm}（图 3.12）。因此，人们可能会怀疑 T_o 和 T_{atm} 之间的相关性会强烈影响温度测量组合不确定度的函数（图 5.41 和图 5.42）。

考虑到红外热成像中所有可能的测量条件，本章可以看作一个导论，而不是对该课题的综合研究。我们认为，除了模拟仿真研究外，还需要对本章进行广泛的实验验证。该验证应包括不同的红外热成像测量模型、大气传输模型等。只有同步开展模拟仿真和实验研究，才能得出正确的测量不确定度模型。

式（3.17）和式（3.15）（图 3.10（b）～（d））研究的最后阶段是评估温度测量的合成标准不确定度以及相应的置信区间。不确定度 $u_c(T_{ob})$ 的评估和置信区间的计算如下所示。

一个实际的数值例子将有助于说明式（3.17）和式（3.15）的输入变量之间的相关性对相对合成标准不确定度 $u_c(T_{ob})$ 依赖关系的研究。

例5.1 在考虑式（3.17）和式（3.15）（图3.10（b）~（d））两个选定输入变量之间相关性的情况下，进行相对合成标准不确定度评估

不确定度 $u_c(T_{ob})$ 将根据表5.6中给出的输入量（即测量条件）的估计值进行计算，假设这些输入量的相对标准不确定度见表5.5。

表5.6 例5.1中假设输入量的估计值

物体发射率/ε_{ob}	环境温度 T_o/K	大气温度 T_{atm}/K	相对湿度/ω	物像距离 d/m
0.9	293	293	0.5	50

在这个例子中，假设只有物体发射率 ε_{ob} 和大气温度 T_{atm} 之间存在相关性。还假设，为了确定相机中要设置的 ε_{ob} 和 T_{atm} 的估计值以及这两个变量的相关系数 ρ，进行了一系列20对（ε_{ob}，T_{atm}）的测量。结果如图5.53和图5.54所示，水平线表示测量的平均值（估计值）：$\varepsilon_{ob}=0.9$，$T_{atm}=296K$。

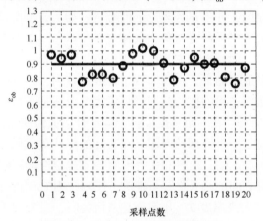

图5.53 发射率 ε_{ob} 20次的测量值

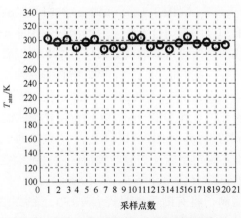

图5.54 大气温度 T_{atm} 20次的测量值

相关系数通过式（5.12）确定，得到 $\rho = 0.5$。最后，假设从相机读出的物体温度为 $T_{ob} = 343\text{K}$。由图 5.35（a）可知，相对合成标准不确定度 $u_c(T_{ob}) = 1.6\%$。

5.5 不相关输入变量的合成标准不确定度仿真

5.5.1 引言

从测量不确定度的角度研究测量模型的精度，可以对合成标准不确定度进行评估。这种合成标准不确定度在统计学意义上唯一地表征了测量精度。与测量误差的情况一样，合成标准不确定度由其与单个量相关的分量确定。然而，由于通常在相对较低的置信水平下进行评估，这意味着在合成不确定度决定的区间内找到测量结果的概率相对较低。正如 1.2 节所述，为了增加在与不确定度相关的某一区间内找到测量结果的概率，必须知道所谓的扩展因子的值，它扩展了不确定度区间，从而扩大了在该扩展区间内找到测量结果的概率。1.2 节中指出扩展因子的值取决于测量模型输出变量的概率分布的形状。一般来说，这个概率分布是未知的，所以可以使用各种方法来近似得到自由度的数量。

本书利用 1.3 节中提出的分布传播方法对红外热成像测量的合成标准不确定度进行了评估。5.3 节讨论了与温度测量模型的单个输入变量的不确定度相关的合成标准不确定度的分量。5.4 节研究了合成标准不确定度对输入变量之间相关性的依赖关系，在本节假设概率密度分布如 5.2 节所述（即对数高斯分布或均匀分布），对物体温度的合成标准不确定度 $u_c(T_{ob})$ 进行模拟。对输入量的标准不确定度数据进行了仿真。研究测量精度的最后一步是评估 95% 的置信区间。根据指南（2004）的建议，它根据从模拟中获得的式（3.17）和式（3.15）（图 3.10（b）～（d））的输出变量分布确定。下面给出了仿真结果。

5.5.2 合成标准不确定度的模拟

对 12 种不同的物体发射率 ε_{ob} 及其温度 T_{ob} 估计值（4 个物体发射率估计值和 3 个物体温度估计值的组合）进行了模拟。在不确定度分量的研究中，对物体温度 T_{ob} 分别为 323K（50℃）、343K（70℃）和 363K（90℃）的进行了模拟。所有这些温度都在典型相机的测量范围 I 内，因此模拟结果对该范围有效——其他测量范围则具有不同的标定常数。对于每种情况，95% 置信区间 $I_{95\%}$

进行了评价。将确定的置信区间与高斯分布计算的置信区间进行比较，在大多数测量中，高斯分布假设为输出变量分布。对于输出变量的高斯分布假设包含95%置信水平下的扩展因子为 $k=2$。在1.3节中，提到95%置信区间的宽度取决于输出变量概率分布相对于其期望值的对称性。例如，在式（1.27）中出现的系数 α 直接决定95%置信概率 p 的分位数。对于对称分布的 $\alpha=0.025$，为了确定置信区间如何依赖于分布的不对称性，给出了每种情况下95%的置信区间宽度作为分位数 α 的函数。它允许将最小宽度 $I_{95\%}$ 与假设的输出变量对称分布（$\alpha=0.025$）的宽度进行比较。

利用MATLAB环境中开发的原始软件对式（3.17）和式（3.15）进行仿真。模拟的输入数据（即输入变量的估计值和不确定度）见表5.7和表5.8。对于每种情况，均给出了输出变量的概率密度函数 $g(T_{ob})$ 的归一化直方图，在95%置信区间的末端用竖线标记。这些极限是根据模拟得到的累积分布和假设输出变量的高斯概率分布而确定的区间来确定的。

表5.7 为分析式（3.17）和式（3.15）（图3.10（b）~（d））的合成
标准不确定度而假设的输入量估计值

物体发射率 ε_{ob}	环境温度 T_o/K	大气温度 T_{atm}/K	相对湿度 ω	物像距离 d/m
0.9, 0.6, 0.4	293	293	0.5	10

表5.8 为分析式（3.17）和式（3.15）（图3.10（b）~（d））的合成
标准不确定度而假设的输入量标准不确定度

物体发射率 ε_{ob}	环境温度 T_o/K	大气温度 T_{atm}/K	相对湿度 ω	物像距离 d/m
0.09, 0.06, 0.04 (10%)	9K (3%)	9K (3%)	0.05 (10%)	1m (10%)

图5.55~图5.72中奇数编号的图形显示了式（3.17）和式（3.15）输出变量的概率密度函数，并在95%置信区间的两端做了标记。这些限制由累积分布确定，假设表5.7中给出的 ε_{ob} 值和 $T_{ob}=323K$、343K、363K 的值均服从高斯分布。

在对输出变量分布的模拟中，假设输入变量服从均匀分布。从合成标准不确定度评估的角度看，均匀分布是最坏的情况。研究还考虑了服从对数高斯分布的模型输入变量。然而，对于假设的测量条件和模拟的输入数据，对不同分布类型进行评估得到的不确定度之间不存在任何显著的差异。然而，无法排除的是，对于其他模拟数据，其模拟结果更多地依赖于模型输入变量假设的概率分布类型。

图5.56~图5.72中偶数编号的图形显示了95%置信区间与分位数 α 的关系。区间由累积分布确定，并且假设表5.7中给出的 ε_{ob} 值和 $T_{ob}=323K$、343K、363K 的值均服从高斯分布。

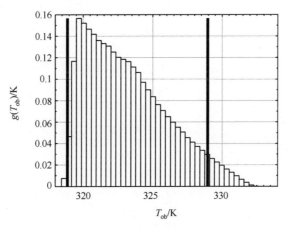

图 5.55　当 $T_{ob}=323K$、$\varepsilon_{ob}=0.9$ 时，式（3.17）和式（3.15）输出变量 T_{ob} 的概率密度函数

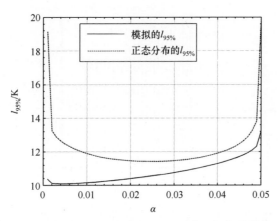

图 5.56　当 $T_{ob}=323K$、$\varepsilon_{ob}=0.9$ 时，95% 置信区间与分位数 α 的关系

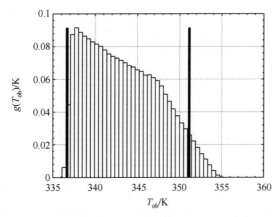

图 5.57　当 $T_{ob}=343K$、$\varepsilon_{ob}=0.9$ 时，式（3.17）和式（3.15）输出变量 T_{ob} 的概率密度函数

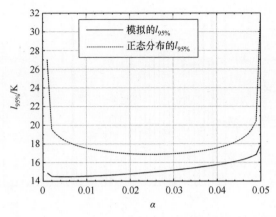

图 5.58 当 $T_{ob}=343K$、$\varepsilon_{ob}=0.9$ 时，95% 置信区间与分位数 α 的关系

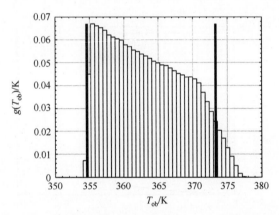

图 5.59 当 $T_{ob}=363K$、$\varepsilon_{ob}=0.9$ 时，式（3.17）和式（3.15）输出变量 T_{ob} 的概率密度函数

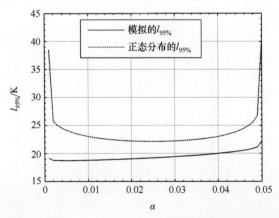

图 5.60 当 $T_{ob}=363K$、$\varepsilon_{ob}=0.9$ 时，95% 置信区间与分位数 α 的关系

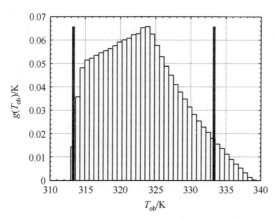

图 5.61 当 $T_{ob}=323K$、$\varepsilon_{ob}=0.6$ 时，式（3.17）和式（3.15）输出变量 T_{ob} 的概率密度函数

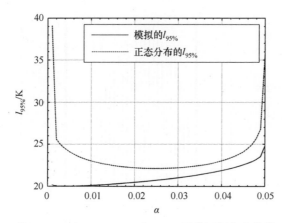

图 5.62 当 $T_{ob}=323K$、$\varepsilon_{ob}=0.6$ 时，95% 置信区间与分位数 α 的关系

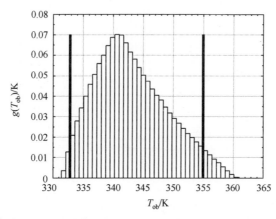

图 5.63 当 $T_{ob}=343K$、$\varepsilon_{ob}=0.6$ 时，式（3.17）和式（3.15）输出变量 T_{ob} 的概率密度函数

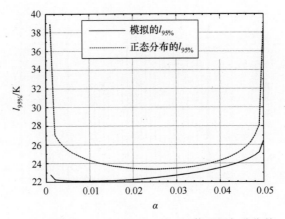

图 5.64 当 $T_{ob}=343K$、$\varepsilon_{ob}=0.6$ 时，95%置信区间与分位数 α 的关系

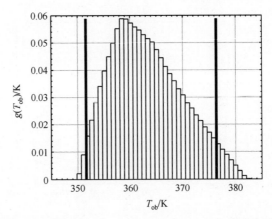

图 5.65 当 $T_{ob}=363K$、$\varepsilon_{ob}=0.6$ 时，式（3.17）和式（3.15）输出变量 T_{ob} 的概率密度函数

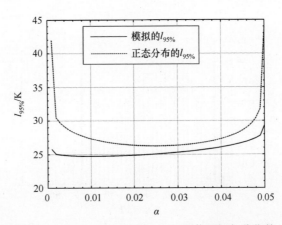

图 5.66 当 $T_{ob}=363K$、$\varepsilon_{ob}=0.6$ 时，95%置信区间与分位数 α 的关系

第 5 章 红外热成像测量不确定度

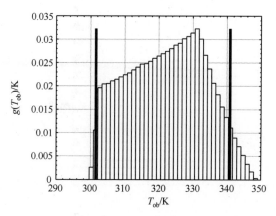

图 5.67 当 $T_{ob}=323K$、$\varepsilon_{ob}=0.4$ 时，式（3.17）和式（3.15）输出变量 T_{ob} 的概率密度函数

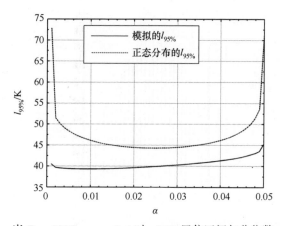

图 5.68 当 $T_{ob}=323K$、$\varepsilon_{ob}=0.4$ 时，95% 置信区间与分位数 α 的关系

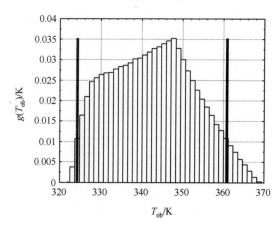

图 5.69 当 $T_{ob}=343K$、$\varepsilon_{ob}=0.4$ 时，式（3.17）和式（3.15）输出变量 T_{ob} 的概率密度函数

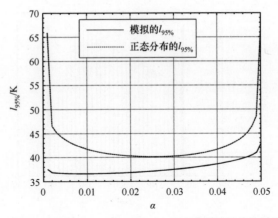

图 5.70 当 $T_{ob}=343K$、$\varepsilon_{ob}=0.4$ 时，95% 置信区间与分位数 α 的关系

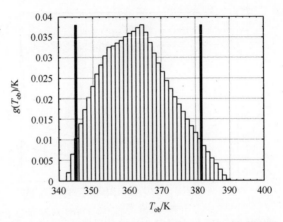

图 5.71 当 $T_{ob}=363K$、$\varepsilon_{ob}=0.4$ 时，式（3.17）和式（3.15）输出变量 T_{ob} 的概率密度函数

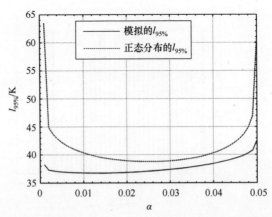

图 5.72 当 $T_{ob}=363K$、$\varepsilon_{ob}=0.4$ 时，95% 置信区间与分位数 α 的关系

红外热成像测量合成标准不确定度的模拟结果见表5.9。$I_{95\%-\text{sim}}$表示模拟得到的累积分布数值近似确定的95%置信区间。$I_{95\%-\text{norm}}$表示式（3.17）和式（3.15）的输出变量服从高斯分布的情况下确定的95%置信区间。

表5.9的$I_{95\%-\text{sim}}$列和$I_{95\%-\text{norm}}$列的小括号中给出的数值为该表同一行中方括号所定义的95%置信区间的宽度。

表5.9　红外热成像测量式（3.17）和式（3.15）关于合成标准不确定度$u_c(T_{ob})$的模拟结果

ε_{ob}	T_{ob}/K	$u_c(T_{ob})/K$	$I_{95\%-\text{sim}}$	$I_{95\%-\text{norm}}$
0.9	323	2.9（0.9%）	[319，329] K（10K）	[317，329] K（12K）
	343	4.3（1.3%）	[337，351] K（14K）	[335，352] K（17K）
	363	5.6（1.5%）	[355，373] K（18K）	[352，375] K（23K）
0.6	323	5.6（1.7%）	[313，333] K（20K）	[312，334] K（22K）
	343	6.0（1.7%）	[333，355] K（22K）	[332，355] K（23K）
	363	6.7（1.8%）	[352，376] K（24K）	[350，377] K（27K）
0.4	323	11（3.4%）	[302，341] K（39K）	[300，344] K（44K）
	343	10（2.9%）	[324，361] K（37K）	[323，363] K（40K）
	363	9.9（2.7%）	[345，382] K（37K）	[343，382] K（39K）

5.5.3　结论

通过对物体温度合成标准不确定度$u_c(T_{ob})$的仿真分析，得出以下结论。

（1）由表5.9的结果可以看出，当$\varepsilon_{ob}=0.9$和0.6时，合成标准不确定度随着目标温度T_{ob}的增加而增加。而当$\varepsilon_{ob}=0.4$时，这种关系则是相反的。进一步的模拟研究还证实，对于具有较低发射率的物体，这种趋势的反转是一种普遍现象，即当$\varepsilon_{ob}<0.5$时，合成标准不确定度随着T_{ob}的增大而减小。此外，其他研究的模拟结果本书并未介绍。

（2）合成标准不确定度随物体发射率的减小而显著增大。由表5.9还可以看出，物体温度越低，不确定度的增加越快。

（3）随着物体发射率ε_{ob}的减小，95%的置信区间得到了极大的扩展，见表5.9，当$\varepsilon_{ob}=0.9$，$T_{ob}=323K$时，模拟得到的累积分布所确定的区间宽度为10K，而当$\varepsilon_{ob}=0.4$，$T_{ob}=323K$时，该区间宽度增加到39K。从图5.56和图5.68的比较中也可以看出这种趋势。

（4）将基于输出变量累积分布近似值确定的置信区间与高斯分布近似值确定的置信区间进行比较，发现二者的差异并不明显。一般来说，假设输出变量为高斯分布（由中心极限定理证明）在低估95%置信区间方面是安全的。

事实上，图 5.55～图 5.72 中的虚线（右侧图）表示高斯分布的置信区间宽度，始终位于表示通过模拟获得的置信区间宽度的实线之上。

（5）根据上述研究结果可以得出结论，当使用 95% 置信水平的式（3.17）和式（3.15）评估温度测量的扩展不确定度时，对于高斯分布，假设扩展因子 $k=2$ 是安全的。在任何情况下，这样的假设都会导致从模拟中获得的置信区间的轻微扩展。换言之，所研究的测量模型的输出变量为高斯分布而确定的区间的置信水平要略超过 95%，即估计是"安全的"。

（6）将模拟得到的分布对应的曲线与高斯分布对应的曲线进行比较，可以看到 95% 的置信区间宽度实际上与输出变量分布的不对称性无关。如查看图 5.68 中的实线，当 $T_{ob}=323K$、$\varepsilon_{ob}=0.4$ 时，可以看到对于 $\alpha=0.01$，置信区间最小。将 $\alpha=0.01$、$\alpha=0.025$（对称分布）的置信区间宽度进行比较，发现变化约 1K 左右，当区间宽度大于 40K 时这种变化极不明显。

本章对红外热像温度测量的合成标准不确定度进行了仿真，并给出了仿真结果。对参考量的选定值和输入变量的特定标准不确定度进行了模拟。由于没有对式（3.17）和式（3.15）进行敏感性分析，所以在仿真过程中，特定输入变量的标准不确定度保持不变。在 5.3 节通过评估与单个输入变量相关的合成标准不确定度的分量实现了敏感性分析。本节则主要讨论红外热成像测量在具体情况下的合成标准不确定度，通过分析仿真结果得到一个有趣的结论：测量的合成标准不确定度取决于物体温度 T_{ob}。对于较高的物体发射率，即当 $\varepsilon_{ob}>0.5$ 时，不确定度随 T_{ob} 增大而增大；而对于较小的物体发射率，即当 $\varepsilon_{ob}<0.5$ 时，不确定度随 T_{ob} 增大而减小。因此，当 $\varepsilon_{ob}\approx 0.5$ 时，应该可以观察到合成标准不确定度与 T_{ob} 无关。事实上，通过对红外相机测量模型的仿真研究证实了这一点。上述结果具有实际意义：即在测量具有较高发射率的物体温度时，应考虑测量标准不确定度（绝对和相对）随物体温度的增大而增大。测量误差也会出现类似的情况（图 4.4（a））。

观察到合成标准不确定度模拟的另一个有趣结论是：尽管与物体发射率 ε_{ob} 相关的相对合成标准不确定度的分量与 ε_{ob} 无关，但（整体）合成标准不确定度（绝对和相对）又取决于 ε_{ob}，见表 5.9。为了阐明这种相关性，将与物体发射率相关的相对标准不确定度增加到 30% 后，对于 $\varepsilon_{ob}=0.9$ 和 $T_{ob}=323K$，其合成标准不确定度等于 9.8K，约为测量值的 3%。接下来重复计算 $\varepsilon_{ob}=0.4$，并保持所有其他模拟参数不变，这样新的合成标准不确定度为 16K，约为测量值的 5%。必须强调，在上述两种情况下，与发射率 ε_{ob} 相关的相对合成标准不确定度均为 30%。如果只研究合成标准不确定度的分量（或 4.3 节中总误差的分量），就不会得出这个结论。因此，单靠不确定度分量分析不足以评价输入变量参考值对红外热像温度测量不确定度的影响，还需要对合成标准不确定度进行更多的模拟。

由上述结果得出的另一个重要结论是对95%置信区间的评估。分布传播方法和蒙特卡罗模拟允许唯一地确定这些区间的极限。从95%置信区间的潜在低估角度来看，模型输出变量的高斯概率分布假设确保了结果的安全性。

总结本章关于红外热像仪测量不确定度的内容，可以说不确定度的概念能够补充我们对所研究的测量模型的知识。反过来，分布的传播使我们能够估计红外热成像测量的合成标准不确定度以及置信区间。另外，当统计学意义上的相互发生时，不确定性分析是估计测量精度的完美工具。

例5.2 红外热成像测量合成标准不确定度 $u_c(T_{ob})$ 和95%置信区间的评估

下面研究一个物体表面具有恒定发射率时记录的一组热像图。物体温度估计值 $T_{ob} = 363 \text{K}$。采用接触法测量的发射率为 $\varepsilon_{ob} = 0.9$，测量的相对标准不确定度估计为 $u(\varepsilon_{ob}) = 10\%$。式（3.17）中其他输入变量的相对标准不确定度见表5.8，这些变量的估计值见表5.7。假设式（3.17）中所有输入变量均服从均匀概率分布，目的是用于评估合成标准不确定度。

表5.9中给出的模拟结果适用于以这种方式定义的测量。当 $T_{ob} = 363 \text{K}$、$\varepsilon_{ob} = 0.9$ 时，相对合成标准不确定度 $u_c(T_{ob}) = 1.5\%$。从图5.60和表5.9可以看出，95%置信区间的最小宽度等于18K，置信区间的极限为 $I_{95\%} = [355, 373] \text{ K}$

第6章 总结

本书的目的是提出与红外热成像测量误差和不确定度估计有关的主题。每种非接触式温度测量（例如使用红外摄像机）都是一种非常具体的测量，首先是由于存在大量的影响量（因素），其次是由于测量模型的高度非线性，导致评估测量精度的分析方法效率很低。为此，本书提出了应用增量法（精确）来评估红外相机温度测量的误差。首先，介绍了与红外热成像测量相关的基本定律和定义，即辐射传热（2.2节）、发射率的概念（2.3节）以及现代红外相机的工作原理和基本计量参数（2.4节）。接着，讨论了红外相机测量路径的处理算法以及根据该算法建立的红外热成像测量数学模型（3.2节）。该算法是以 FLIR 公司的 ThermaCAM LW 500 系列测量相机为例描述的，该相机是目前世界上大多数热成像系统的通用和典型产品。

有了温度测量数学模型的知识，就可以确定测量方法中的误差分量。对计算结果的分析表明，测温误差主要取决于被测物体发射率 ε_{ob} 相关的分量（4.3.1节）。从对测量误差的影响来看，影响测量误差的第二重要的输入量是环境温度 T_o。研究结果还证明与大气相对湿度 ω、物像距离 d 和大气温度 T_{atm} 相关的误差分量对该测量方法的总误差没有显著影响（4.3.3节~4.3.5节和5.3.3节~5.3.5节）。通过对该方法误差的分析，还可以研究测量模型对输入变量变化的敏感性。要强调的是，经典的误差分析只考虑了系统相互作用的影响。这种相互作用与严格定义的测量条件有关，而这些条件在实践中难以实现。因此，本书还研究了随机相互作用。这项研究基于处理算法不确定度的概念（第5章），并提出了红外热成像测量合成标准不确定度的仿真研究方法。研究中假设测量模型中每个输入量的测量值均可以用随机变量表示（5.3节），在此基础上对合成标准不确定度的分量进行评估。仿真前，需要事先定义输入随机变量的分布参数（即标准差和期望值）以及用于模拟的概率密度分布的形状。假设输入随机变量为两种典型分布（测量理论）之一：描述临界情况的均匀分布；随机变量只取正值的对数高斯分布。仿真结果以不同输入变量（如物体发射率 ε_{ob} 或物像距离 d）在不同估计值条件下的红外热成像测量合成标准不确定度分量图的形式给出。

首先，对红外热像仪测量模型中不相关的输入变量的合成标准不确定度分量进行了研究。然而，估计变量间的互相关对测量精度的影响是一个重要的问题。一般来说,有些变量是相互关联的(5.4节),但这并不一定意味着物理输入量之间存在相互依赖关系。应该记住,输入的随机变量代表模型量的测量结果。相关性的影响分析表明,这种影响取决于测量条件,并且这些条件可能有很大差异。仿真结果证明,合成标准不确定度主要取决于表示物体发射率 ε_{ob} 与环境温度 T_o 变量之间的相关性(5.4.2节),而且表示环境温度 T_o 与大气温度 T_{atm} 的变量之间的相关性在一定程度上也影响了温度测量的不确定度。一般来说,忽略这些变量之间的相关性可能导致高估或低估物体温度测量的合成标准不确定度 $u_c(T_{ob})$。

如3.2节所述,本书的主要意图是将误差研究与不确定度研究联系起来,因为它们并不相互排斥。二者相辅相成,扩展了人们对所研究测量模型的认识,从而指出了如何避免误差来源。因此,5.5节讨论了红外热成像测量模型中合成标准不确定度的研究。研究主要有两个目标:第一,评估不同测量条件下的合成标准不确定度,以确定其对单个输入变量的依赖性;第二,考虑模型输出变量的实际概率分布,估计95%的置信区间。输出变量(被测物体温度)的分布由国际计量局计量基本问题共同委员会成立的第一工作组提出,利用分布的传播方法进行评估。在蒙特卡罗模拟的基础上,利用分布的传播方法也能够估计红外热成像测量的95%置信区间。通过对组合标准不确定度的分析得出的一个基本结论是,尽管输出变量分布实际上是不对称的,但在评估95%置信区间时假设高斯分布是安全的。结果表明,分布的传播方法是评价红外热像合成标准不确定度以及与此不确定度相关的置信区间的理想工具。

本书的主题(即红外热成像测量精度的估计)是广泛的,包括许多技术分支。本书并非是对这门学科的全面研究。这种研究必须包括对不同模型和测量条件的分析,以及影响测量精度的现象(如大气传输)的模型等。另一方面,从实际角度来看,这种深入的分析目的性不强。大量的表格、特性和其他详细数据不一定能更好地评估测量精度。因此,我们将重点放在更一般的结论上,以便实际应用所提出的结论。我们希望所描述的误差和不确定度的评估方法有助于提高实际条件下红外热像仪的测量精度。然而,任何理论的最终检验都是实验……

附录 A MATLAB 脚本和函数

A.1 代码排版

在本书的工作中，红外热成像测量精度是通过在 MATLAB 计算环境中创建的复杂软件进行研究的。为了帮助红外相机的用户估计非接触式温度测量在自身条件下的不确定度，下面给出了本书采用的 MATLAB 程序的源代码，可以通过在 MATLAB 环境的编辑器中直接输入或使用 OCR（光学字符识别）软件进行数字化。m 文件应位于与 MATLAB 环境相同的文件夹中（例如 MAT-LAB \ Work 中）。m 文件是作为函数和脚本创建的。表 A.1 列出了脚本，表 A.2 列出了函数。

表 A.1 用于计算红外热成像测量精度的 m 文件脚本

m 文件名称	功能描述
components. m	用于计算 FLIR ThermaCAM 红外相机测量物体温度的合成标准不确定度的分量
correlations. m	用于模拟 FLIR ThermaCAM 红外相机测量模型输入变量之间的互相关对合成标准不确定度的影响
coverint. m	用于计算 FLIR ThermaCAM 红外相机的置信区间
plotcomponents. m	采用 components. m 绘制给定输入随机变量的分量
plotcorrelations. m	绘制 FLIR ThermaCAM 红外相机测量模型的互相关输入变量之间的相关关系
plotcorrsens. m	绘制 FLIR - ThermaCAM 红外相机测量模型输入变量之间相关系数与合成标准不确定度的关系
plotresults. m	采用 coverint. m 绘制计算结果

表 A.2 用于计算红外热成像测量精度的 m 文件函数

m 文件名称	功能描述
cameramodel. m	ThermaCAM 红外相机的测量模型
distribute. m	计算输入随机变量的近似分布
estlogpars. m	根据期望值和方差估计对数正态分布的参数

（续）

m 文件名称	功能描述
estunifrpars.m	根据期望值和方差估计均匀分布的参数
gencorrlog.m	生成二维互相关的对数正态分布
gencorruni.m	生成二维互相关的均匀分布
loadimgheader.m	加载 *.img 文件的头文件
plotcorrelated.m	基于给定的相关系数创建互相关的输入随机变量图
plotdistcomp.m	绘制输入随机变量的分布图
plotsensitive.m	为 plotcorrsens.m 创建绘图
readimgdatablock.m	从 *.img 文件中读取单类型值
temptosignal.m	根据温度值计算像素值

以下是计算红外热成像测量精度的程序。在计算中，必须在 *.img 文件中提供测量参数。因此，程序的第一步是输入该文件的名称（用红外相机记录）。此文件必须与适当的 m 文件位于同一目录中。必须强调的是，使用该软件生成的绘图可能与本书中描述的结果不同。这是由于不同的红外相机所获得的红外热成像测量条件和校准与调整参数的不同而造成的。

A.2 使用本软件计算红外热成像测量合成标准不确定度分量的程序

（1）在 MATLAB 命令窗口中键入 components。
（2）根据屏幕上的信息输入数值数据（测量条件、标准不确定度等）。
（3）脚本完成后，键入 plotcomponents 以打印计算结果。执行脚本后，将绘制 5 个适当分量的图形。

A.3 使用本软件计算红外热成像测量的置信区间和合成标准不确定度的程序

（1）在 MATLAB 命令窗口中键入 coverint。
（2）根据屏幕上的信息输入数值数据（测量条件、标准不确定度等）。
（3）脚本完成后，键入 plotresults 以打印计算结果。执行脚本后，将绘制 7 个适当分量的图形。第 1～5 个图表示输入随机变量的直方图，第 6 个图表示输出随机变量的概率密度函数，第 7 个图表示输出变量的累积分布函数的近似值。

A.4 使用本软件模拟红外相机测量模型输入变量之间互相关性的程序

(1) 在 MATLAB 命令窗口中键入 correlations。
(2) 根据屏幕上的信息输入数值数据(测量条件、标准不确定度等)。
(3) 脚本完成后,键入 plotcorrelations,以绘制互相关的输入随机变量。执行脚本后,将绘制一对互相关输入变量的图形。
(4) 键入 plotcorrsens,以绘制红外热像仪测量输入变量之间的相关系数与合成标准不确定度的关系。执行脚本后,将绘制一个图形。它给出了输出变量的合成标准不确定度与执行 correlations 脚本时选择的输入变量之间的相关系数的关系。

A.5 MATLAB 源代码(脚本)

```
%%%%%%%%%%%%%%%%%%%%%%%%%%%%%%%%%%%%%%%
%                                                         %
% COMPONENTS. M                                           %
%                                                         %
% Calculates components of the combined                   %
% standard uncertainty of the object                      %
% temperature for FLIR ThermaCAM infrared                 %
% cameras with the method for the propagation             %
% of distribution with assumption of                      %
% different types of distribution for input               %
% random variables                                        %
%                                                         %
% Copyright Feb, 2008 by Sebastian Dudzik                 %
% ( sebdud@ el. pcz. czest. pl )                          %
%                                                         %
%%%%%%%%%%%%%%%%%%%%%%%%%%%%%%%%%%%%%%%

% Initial screen
clc;
h = { };
disp(' * * * * * * * * * * * * * * * * * * * * * * * * * * * * * * * * * *');
disp(' *                                                                *');
```

```matlab
disp(' *  Calculation of components of the                    *');
disp(' *  combined standard uncertainty                       *');
disp(' *  of the object temperature                           *');
disp(' *  for FLIR ThermaCAM infrared cameras                 *');
disp(' *                                                      *');
disp('* * * * * * * * * * * * * * * * * * * * * * * * * * * * * *');
disp(' ');

%————————
% Input data blocks
%————————

% Input for the name of file recorded with infrared camera
disp(' * * * FILE NAME AND MEASURED TEMPERATURE BLOCK * * *');
disp(' ');
fileName = input(['Name of *.img recorded file:' ...
                  '(must be in the same dir):'],'s');

% Reading the radiometric data from *.img file into the
% structure of h
% SEE ALSO: loadimgheader.m function
h = loadimgheader(fileName, h);

% Input for the temperature value of specified pixel
% in the thermogram
tObject = input('Value of measured temperature (K):');

disp(' ');
disp(' * * * REFERENCE CONDITIONS BLOCK * * *');
disp(' ');

% Input for the emissivity value (set in the camera)
emiss = input('Value of emissivity: ');

% Input for the ambient temperature value
% (set in the camera)
tAmb = input('Value of ambient temperature (K): ');

% Input for the value of atmosphere temperature
% (set in the camera)
tAtm = input('Value of temperature of atmosphere (K): ');
```

```
% Input for the relative humidity value
% (set in the camera)
humRel = input('Value of relative humidity : ');

% Input for the camera - to - object distance value
% (set in the camera)
dist = input('Value of camera - to - object distance (m): ');

% Calculation of the signal - from - detector value
% on the basis tObject temperature
% SEE ALSO: temptosignal. m function
signal = temptosignal(tObject, emiss, tAtm, tAmb, humRel, dist,...
        h. alpha1, h. alpha2, h. beta1, h. beta2, h. X, h. R,..
        h. B, h. F, h. obas, h. L, h. globalGain, h. globalOffset);
disp('');
disp(['* * * RANGES OF THE STANDARD UNCERTAINTIES '...
    'OF INPUT VARIABLES BLOCK * * *']);
disp('');

% Input for the range of the standard uncertainty of
% emissivity measurement
minEmissUn = input('Minimum uncertainty of emissivity (%): ');
maxEmissUn = input('Maximum uncertainty of emissivity (%): ');

% Input for the range of the standard uncertainty of
% ambient temperature measurement
minTAmbUn = input(['Minimum uncertainty of '...
                'ambient temperature (%): ']);
maxTAmbUn = input(['Maximum uncertainty of '...
                'ambient temperature (%): ']);

% Input for the range of the standard uncertainty of
% temperature of atmosphere measurement
minTAtmUn = input(['Minimum uncertainty of temperature'...
                'of atmosphere (%): ']);
maxTAtmUn = input(['Maximum uncertainty of '...
                'temperature of atmosphere (%): ']);

% Input for the range of the standard uncertainty of relative
% humidity measurement
minHumRelUn = input(['Minimum uncertainty of '...
                'relative humidity (%): ']);
```

```matlab
maxHumRelUn = input(['Maximum uncertainty of ' ...
                     'relative humidity (%): ']);

% Input for the range of the standard uncertainty
% of camera - to object distance measurement
minDistUn = input(['Minimum uncertainty of ' ...
                   'camera - to - object distance (%): ']);
maxDistUn = input(['Maximum uncertainty of ' ...
                   'camera - to - object distance (%): ']);

% Input of the number of simulation points
nPoints = input('Number of simulation points: ');

% Calculation of the uncertainty values

% Emissivity
emissUn = linspace((minEmissUn * emiss)/100, ...
                   (maxEmissUn * emiss)/100, nPoints);
% Ambient temperature
tAmbUn = linspace((minTAmbUn * tAmb)/100, ...
                  (maxTAmbUn * tAmb)/100, nPoints);

% Temperature of atmosphere
tAtmUn = linspace((minTAtmUn * tAtm)/100, ...
                  (maxTAtmUn * tAtm)/100, nPoints);

% Relative humidity
humRelUn = linspace((minHumRelUn * humRel)/100, ...
                    (maxHumRelUn * humRel)/100, nPoints);

% Camera - to - object distance
distUn = linspace((minDistUn * dist)/100, ...
                  (maxDistUn * dist)/100, nPoints);

disp(' ');
disp(['* * * THE DISTRIBUTIONS OF THE INPUT ' ...
      'RANDOM VARIABLES BLOCK * * *']);
disp(' ');

disp('1 - Lognormal distribution');
disp('2 - Uniform distribution');
disp(' ');
```

```
typeOfDist = input('Enter type of distribution (1/2): ');


% - - - - - - - - - - - - - - - - - - - - - - - - - - - -
% Generation of the distributions
% of the input random variables
% - - - - - - - - - - - - - - - - - - - - - - - - - - - -


% Distribution for the input random variable
% representing emissivity
emissDistribution = zeros(1,10000);
if typeOfDist = =1
    [a,b] = estlogpars(emiss, emissUn(1).^2);
    hlpVar = lognrnd(a,b,1,10000);
    emissDistribution = emissDistribution + hlpVar;
    for i = 2:nPoints
        [a,b] = estlogpars(emiss, emissUn(i).^2);
        hlpVar = lognrnd(a,b,1,10000);
        emissDistribution = [emissDistribution; hlpVar];
    end;
    clear hlpVar ;
else
    [a,b] = estunifrpars(emiss, emissUn(1).^2);
    hlpVar = unifrnd(a,b,1,10000);
    emissDistribution = emissDistribution + hlpVar;
    for i = 2:nPoints
        [a,b] = estunifrpars(emiss, emissUn(i).^2);
        hlpVar = unifrnd(a,b,1,10000);
        emissDistribution = [emissDistribution; hlpVar];
    end;
    clear hlpVar ;
end;


% Distribution for the input random variable representing
% ambient temperature
tAmbDistribution = zeros(1,10000);
if typeOfDist = =1
    [a,b] = estlogpars(tAmb, tAmbUn(1).^2);
    hlpVar = lognrnd(a,b,1,10000);

    tAmbDistribution = tAmbDistribution + hlpVar;
    for i = 2:nPoints
        [a,b] = estlogpars(tAmb, tAmbUn(i).^2);
```

```
            hlpVar = lognrnd(a,b,1,10000);
            tAmbDistribution = [tAmbDistribution; hlpVar];
        end;
        clear hlpVar ;
else
        [a,b] = estunifrpars(tAmb, tAmbUn(1).^2);
        hlpVar = unifrnd(a,b,1,10000);
        tAmbDistribution = tAmbDistribution + hlpVar;
        for i = 2:nPoints
            [a,b] = estunifrpars(tAmb, tAmbUn(i).^2);
            hlpVar = unifrnd(a,b,1,10000);
            tAmbDistribution = [tAmbDistribution; hlpVar];
        end;
        clear hlpVar ;
end;


% Distribution for the input random variable representing
% temperature of atmosphere
tAtmDistribution = zeros(1,10000);
if typeOfDist = = 1
        [a,b] = estlogpars(tAtm, tAtmUn(1).^2);
        hlpVar = lognrnd(a,b,1,10000);
        tAtmDistribution = tAtmDistribution + hlpVar;
        for i = 2:nPoints
            [a,b] = estlogpars(tAtm, tAtmUn(i).^2);
            hlpVar = lognrnd(a,b,1,10000);
            tAtmDistribution = [tAtmDistribution; hlpVar];
        end;
        clear hlpVar ;
else
        [a,b] = estunifrpars(tAtm, tAtmUn(1).^2);
        hlpVar = unifrnd(a,b,1,10000);
        tAtmDistribution = tAtmDistribution + hlpVar;
        for i = 2:nPoints
            [a,b] = estunifrpars(tAtm, tAtmUn(i).^2);
            hlpVar = unifrnd(a,b,1,10000);
            tAtmDistribution = [tAtmDistribution; hlpVar];
        end;
        clear hlpVar ;
end;


% Distribution for the input random variable
```

```
% representing relative humidity
humRelDistribution = zeros(1,10000);
if typeOfDist = = 1
    [a,b] = estlogpars(humRel, humRelUn(1).^2);
    hlpVar = lognrnd(a,b,1,10000);
    humRelDistribution = humRelDistribution + hlpVar;
    for i = 2:nPoints
        [a,b] = estlogpars(humRel, humRelUn(i).^2);
        hlpVar = lognrnd(a,b,1,10000);
        humRelDistribution = [humRelDistribution; hlpVar];
    end;
    clear hlpVar ;
else
    [a,b] = estunifrpars(humRel, humRelUn(1).^2);
    hlpVar = unifrnd(a,b,1,10000);
    humRelDistribution = humRelDistribution + hlpVar;
    for i = 2:nPoints
        [a,b] = estunifrpars(humRel, humRelUn(i).^2);
        hlpVar = unifrnd(a,b,1,10000);
        humRelDistribution = [humRelDistribution; hlpVar];
    end;
    clear hlpVar ;
end;

% Distribution for the input random variable
% representing camera - to - object distance
distDistribution = zeros(1,10000);
if typeOfDist = = 1
    [a,b] = estlogpars(dist, distUn(1).^2);
    hlpVar = lognrnd(a,b,1,10000);
    distDistribution = distDistribution + hlpVar;
    for i = 2:nPoints
        [a,b] = estlogpars(dist, distUn(i).^2);
        hlpVar = lognrnd(a,b,1,10000);
        distDistribution = [distDistribution; hlpVar];
    end;
    clear hlpVar ;
else
    [a,b] = estunifrpars(dist, distUn(1).^2);
    hlpVar = unifrnd(a,b,1,10000);
    distDistribution = distDistribution + hlpVar;
    for i = 2:nPoints
```

```
            [a,b] = estunifrpars(dist, distUn(i).^2);
            hlpVar = unifrnd(a,b,1,10000);
            distDistribution = [distDistribution; hlpVar];
        end;
        clear hlpVar ;
end;


% - - - - - - - - - - - - - - - - - - - - - - - - - - - - - - - - -
% Simulations for the components of the combined
% standard uncertainty of the object temperature
% - - - - - - - - - - - - - - - - - - - - - - - - - - - - - - - - -

% Emissivity component
emissComponent = zeros(10000,nPoints);
    for i = 1:nPoints
            emissComponent(:,i) = cameramodel(signal, ...
            emissDistribution(i,:), tAmb, tAtm, humRel, ...
            dist, h.alpha1, h.alpha2, h.beta1, h.beta2, ...
            h.X, h.R, h.B, h.F, h.obas, h.L, ...
            h.globalGain,h.globalOffset);
    end
emissStd = std(emissComponent);
emissStdRel = (emissStd/tObject)*100;

% Ambient temperature component
tAmbComponent = zeros(10000,nPoints);
    for i = 1:nPoints
            tAmbComponent(:,i) = cameramodel(signal, emiss, ...
            tAmbDistribution(i,:), tAtm, humRel, ...
            dist, h.alpha1, h.alpha2, h.beta1, h.beta2, ...
            h.X, h.R, h.B, h.F, h.obas, h.L, h.globalGain,...
            h.globalOffset);
    end
tAmbStd = std(tAmbComponent);
tAmbStdRel = (tAmbStd/tObject)*100;

% Atmosphere temperature component
tAtmComponent = zeros(10000,nPoints);
    for i = 1:nPoints
            tAtmComponent(:,i) = cameramodel(signal, emiss, ...
            tAmb, tAtmDistribution(i,:), humRel, dist, ...
            h.alpha1, h.alpha2, h.beta1, h.beta2, h.X, h.R, h.B, ...
```

```
                h. F, h. obas, h. L, h. globalGain, h. globalOffset);
        end
tAtmStd = std(tAtmComponent);
tAtmStdRel = (tAtmStd/tObject) * 100;

% Relative humidity component
humRelComponent = zeros(10000, nPoints);
        for i = 1:nPoints
                humRelComponent(:,i) = cameramodel(signal, emiss, ...
                tAmb, tAtm, humRelDistribution(i,:), dist, h. alpha1, ...
                h. alpha2, h. beta1, h. beta2, h. X, h. R, h. B, h. F, ...
                h. obas, h. L, h. globalGain, h. globalOffset);
        end
humRelStd = std(humRelComponent);
humRelStdRel = (humRelStd/tObject) * 100;

% Camera - to - object distance component
distComponent = zeros(10000, nPoints);
        for i = 1:nPoints
                distComponent(:,i) = cameramodel(signal, emiss, ...
                tAmb, tAtm, humRel, distDistribution(i,:), h. alpha1, ...
                h. alpha2, h. beta1, h. beta2, h. X, h. R, h. B, h. F, ...
                h. obas, h. L, h. globalGain, h. globalOffset);
        end
distStd = std(distComponent);
distStdRel = (distStd/tObject) * 100;

% End of COMPONENTS
```

```
%%%%%%%%%%%%%%%%%%%%%%%%%%%%%%%%%%%%%%%%
%                                                                            %
% PLOTRESULTS. M                                                             %
%                                                                            %
% Plots results for calculations conducted                                   %
% with COVERINT. M                                                           %
%                                                                            %
% WARNING: Run after COVERINT. M                                             %
%                                                                            %
% Copyright Feb, 2008 by Sebastian Dudzik                                    %
% (sebdud@ el. pcz. czest. pl)                                               %
%                                                                            %
```

```matlab
%%%%%%%%%%%%%%%%%%%%%%%%%%%%%%%%%%%%

% Plot histogram of the input random variable representing
% emissivity
figure;
hist(x1,45);
h1 = get(gca,'Child');
set(h1,'FaceColor','none','EdgeColor','blue')
title({'Histogram of the input random variable';...
    'representing emissivity'});
xlabel('Emissivity \it{\epsilon_{ob}}')
ylabel('Size [samples]');
annotation('textbox',[0.5,0.5,0.3,0.1],'BackgroundColor',...
    'white','String',{['Expected value: '...
    num2str(mean(x1),3)];['Standard deviation: '...
    num2str(std(x1),3)]});

% Plot histogram of ambient temperature distribution
figure;
hist(x2,45);
h2 = get(gca,'Child');
set(h2,'FaceColor','none','EdgeColor','blue')
title({'Histogram of the input random variable';...
    'representing ambient temperature'});
xlabel('Ambient temperature \it{T_{o}} \rm (K)')
ylabel('Size [samples]');
annotation('textbox',[0.5,0.5,0.3,0.1],'BackgroundColor',...
    'white','String',{['Expected value: '...
    num2str(mean(x2),3)' K'];['Standard deviation: '...
    num2str(std(x2),3) ' K']});

% Plot histogram of temperature of atmosphere distribution
figure;
hist(x3,45);
h3 = get(gca,'Child');
set(h3,'FaceColor','none','EdgeColor','blue')
title({'Histogram of the input random variable';...
    'representing atmosphere temperature'})
xlabel('Atmosphere temperature \it{T_{0}} \rm (K)')
ylabel('Size [samples]');
annotation('textbox',[0.5,0.5,0.3,0.1],'BackgroundColor',...
    'white','String',{['Expected value: '...
```

```
                num2str(mean(x3),3)' K']; ['Standard deviation: '...
                num2str(std(x3),3) ' K']});

% Plot histogram of relative humidity distribution
figure;
hist(x4,45);
h4 = get(gca,'Child');
set(h4,'FaceColor','none','EdgeColor','blue')
title({'Histogram of the input random variable';...
        'representing relative humidity'})
xlabel('Relative humidity \it{\omega}')
ylabel('Size [samples]');
annotation ('textbox',[0.5,0.5,0.3,0.1],
            'BackgroundColor',...
            'white', 'String',{['Expected value: '...
            num2str(mean(x4),3)]; ['Standard deviation: '...
            num2str(std(x4),3)]});

% Plot histogram of camera-to-object distance distribution
figure;
hist(x5,45);
h5 = get(gca,'Child');
set(h5,'FaceColor','none','EdgeColor','blue')
title({'Histogram of the input random variable';...
        'representing camera-to-object distance'})
xlabel('camera-to-object distance \it{d} \rm m')
ylabel('Size [samples]');
annotation ('textbox',[0.5,0.5,0.3,0.1], 'BackgroundColor',...
            'white', 'String',{['Expected value: '...
            num2str(mean(x5),3)]; ['Standard deviation: '...
            num2str(std(x5),3)]});

% Plot histogram of temperature distribution
figure
[n,k] = hist(temperature,40);
nn = (40*n)./((max(temperature)-min(temperature))) *1e6);
hbar = bar(k,nn,1);
grid on;
xlabel('\it{T_{ob}}, \rm K');
ylabel('\it{g(T_{ob})}');
set(hbar,'FaceColor', 'white');
hold;
```

```matlab
h1 = plot([tLow, tLow],[0 max(nn)]);
set(h1,'LineWidth',2);
set(h1,'Color','black');
h2 = plot([tHigh, tHigh],[0 max(nn)]);
set(h2,'LineWidth',2);
set(h2,'Color','black');
title({'Probability density function of the output random variable';...
    'representing object temperature'})
annotation ('textbox',[0.5,0.5,0.3,0.1],'BackgroundColor',...
        'white', 'String',{['Expected value: '...
        num2str(mean(temperature),3)];['Standard deviation: '...
        num2str(std(temperature),3)]});

% Plot approximates of temperature distribution function
figure;
h7 = plot(tDist(:,1),tDist(:,2),'b-');
set(gca,'XMinorTick','on');
set(gca,'YMinorTick','on');
title({'Approximation of the cumulative distribution function';...
    'for output random variable'})
xlabel('Temperature \it{T_{ob}} \rm K')
ylabel('\itG(T_{ob})');
hold;
line([tLow tLow],[0 1],'Color','red', 'LineWidth',2);
line([tHigh tHigh],[0 1],'Color','red', 'LineWidth',2);
legend ('Approximation of cumulative distribution function',...
        '95% coverage interval','Location','best');

% End of PLOTRESULTS
```

```matlab
%%%%%%%%%%%%%%%%%%%%%%%%%%%%%%%%%%%%%
%                                   %
% CORRELATIONS. M                   %
%                                   %
% Simulates the influence of the    %
% cross-correlations between the input %
% variables of the FLIR ThermaCAM infrared %
% camera model on the combined standard %
% uncertainty                       %
%                                   %
% Copyright Feb, 2008 by Sebastian Dudzik %
% (sebdud@el.pcz.czest.pl)          %
```

```matlab
%                                                                        %
%%%%%%%%%%%%%%%%%%%%%%%%%%%%%%%%%%%%%%%%%%%%%%%

% Initial screen
clc;
h = {};
disp('**********************************************');
disp('*                                            *');
disp('*  Simulates the influence of the            *');
disp('*  cross-correlations between the input      *');
disp('*  variables of the FLIR ThermaCAM           *');
disp('*  infrared camera model on the              *');
disp('*  combined standard uncertainty             *');
disp('*                                            *');
disp('**********************************************');
disp(' ');

% Input for the name of file recorded with infrared camera
disp('*** FILE NAME AND MEASURED TEMPERATURE BLOCK ***');
disp(' ');
fileName = input(['Name of *.img recorded file:' ...
                  '(must be in the same dir):'],'s');

% Reading the radiometric data from *.img file
% into the structure of h SEE ALSO: loadimgheader.m function
h = loadimgheader(fileName, h);

% Input for the temperature value of specified pixel
% in the thermogram
tObject = input('Value of measured temperature (K): ');

disp(' ');
disp('*** REFERENCE CONDITIONS BLOCK ***');
disp(' ');

% Input for the emissivity value (set in the camera)
emiss = input('Value of emissivity: ');

% Input for the ambient temperature value (set in the camera)
tAmb = input('Value of ambient temperature (K): ');

% Input for the value of atmosphere temperature
```

```
% (set in the camera)
tAtm = input('Value of temperature of atmosphere (K): ');

% Input for the relative humidity value (set in the camera)
humRel = input('Value of relative humidity: ');

% Input for the camera - to - object distance value
% (set in the camera)
dist = input('Value of camera - to - object distance (m): ');

disp(' ');
disp(' * * * STANDARD UNCERTAINTIES OF INPUT VARIABLES BLOCK * * *');
disp(' ');

% Input for the standard uncertainty of emissivity measurement
emissUn = input('Standard uncertainty of emissivity: ');
% Input for the standard uncertainty of ambient
% temperature measurement
tAmbUn = input(['Standard uncertainty of ambient '...
                'temperature (K): ']);

% Input for the standard uncertainty of temperature
% of atmosphere measurement
tAtmUn = input(['Standard uncertainty of temperature '...
                'of atmosphere (K): ']);

% Input for the standard uncertainty of relative
% humidity measurement
humRelUn = input('Standard uncertainty of relative humidity: ');

% Input for the standard uncertainty of camera - to object
% distance measurement
distUn = input(['Standard uncertainty of camera - to - object '...
                'distance (m): ']);

NOSAMPLES = 10000; % Number of the random samples of the
                   % input random variable

parsNorm{1} = [emiss emissUn];
parsNorm{2} = [tAmb tAmbUn];
parsNorm{3} = [tAtm tAtmUn];
```

```
parsNorm{4} = [humRel humRelUn];
parsNorm{5} = [dist distUn];

disp(' ');
disp('* * * PARAMETERS OF CROSS - CORRELATIONS VECTOR BLOCK * * *');
disp(' ');

% Input data for construction of cross - correlation vector
jBegin = input('Starting value of cross - correlation vector: ');
jStep = input('Step value into cross - correlation vector: ');
jEnd = input('Ending value of cross - correlation vector: ');
jCorrCoef = jBegin:jStep:jEnd;
jLen = length(jCorrCoef);

disp(' ');
disp(['* * * THE DISTRIBUTIONS OF THE INPUT ' ...
'RANDOM VARIABLES BLOCK * * *']);
disp(' ');

disp('1 - Lognormal distribution');
disp('2 - Uniform distribution');
disp(' ');
typeOfDist = input('Enter type of distribution (1/2): ');

% Choice of distribution type
if typeOfDist == 1 % Log - normal distribution

% Estimation of the Log - normal distribution parameters
for i = 1:5
[parsLog{i}(1,1) parsLog{i}(1,2)] = ...
estlogpars(parsNorm{i}(1,1), parsNorm{i}(1,2)^2);
end;

% Generation of the input random variable of Log - normal
% type
for i = 1:5
inputs{i} = lognrnd(parsLog{i}(1,1), ...
parsLog{i}(1,2), NOSAMPLES, jLen);
end;

disp(' ');
disp(['* * * THE CROSS - CORRELATED INPUT RANDOM ' ...
```

```matlab
        'VARIABLES BLOCK * * *']);
disp(' ');

% Indexes of the input variables assigned for
% cross - correlation
disp('The List of the input variables'' index');
disp(' ');
disp(' Index | Input variable');
disp(' - - - - - - - - | - - - - - - - - - - - - - - - - -');
disp(' 1 | Emissivity');
disp(' 2 | Ambient temperature');
disp(' 3 | Atmosphere temperature');
disp(' 4 | Relative humidity');
disp(' 5 | Camera - to - object distance');
disp(' ');
kPopup = input(['Enter the index of the first ' ...
                'cross - correlated input variable: ']);
lPopup = input(['Enter the index of the second ' ...
                'cross - correlated input variable: ']);

% Auxiliary cell array of parameters for cross - correlated
% variables
pNorm{1} = [parsNorm{kPopup}(1,1) parsNorm{kPopup}(1,2)];
pNorm{2} = [parsNorm{lPopup}(1,1) parsNorm{lPopup}(1,2)];
pLog{1}  = [parsLog{kPopup}(1,1) parsLog{kPopup}(1,2)];
pLog{2}  = [parsLog{lPopup}(1,1) parsLog{lPopup}(1,2)];

% Generation of the cross - correlated variables
biCorrVariable = gencorrlog(pNorm, pLog, jCorrCoef, ...
                    NOSAMPLES);
else % Uniform distribution

    % Estimation of the Uniform distribution parameters
    for i = 1:5
        [parsUni{i}(1,1) parsUni{i}(1,2)] = ...
            estunifrpars(parsNorm{i}(1,1), parsNorm{i}(1,2)^2);
    end;

    % Generation of the input random variable of Uniform type
    for i = 1:5
        inputs{i} = unifrnd(parsUni{i}(1,1), ...
            parsUni{i}(1,2), NOSAMPLES, jLen);
```

```
        end;

    disp(' ');
    disp(['* * * THE CROSS - CORRELATED INPUT RANDOM '...
            'VARIABLES BLOCK * * *']);
    disp(' ');

    % Indexes of the input variables assigned for
    % cross - correlation
    disp('The List of the input variables'' index');
    disp(' ');
    disp(' Index | Input variable');
    disp(' - - - - - - - | - - - - - - - - - - - - - - - - - ');
    disp(' 1 | Emissivity');
    disp(' 2 | Ambient temperature');
    disp(' 3 | Atmosphere temperature');
    disp(' 4 | Relative humidity');
    disp(' 5 | Camera - to - object distance');
    disp(' ');
    kPopup = input(['Enter the index of the first '...
                    'cross - correlated input variable: ']);
    lPopup = input(['Enter the index of the second '...
                    'cross - correlated input variable: ']);

    % Auxiliary cell array of parameters for cross - correlated
    % variables
    pNorm{1} = [parsNorm{kPopup}(1,1) parsNorm{kPopup}(1,2)];
    pNorm{2} = [parsNorm{lPopup}(1,1) parsNorm{lPopup}(1,2)];
    pUni{1}  = [parsUni{kPopup}(1,1) parsUni{kPopup}(1,2)];
    pUni{2}  = [parsUni{lPopup}(1,1) parsUni{lPopup}(1,2)];

    % Generation of the cross - correlated variables
    biCorrVariable = gencorruni(pNorm, pUni, jCorrCoef, ...
                    NOSAMPLES);

end % End of the choice of the distribution type
    % Conversion of the cell array variables into the matrices
    for i = 1:jLen
        kPopupVariable(:,i) = biCorrVariable{1,i}(:,1);
        lPopupVariable(:,i) = biCorrVariable{1,i}(:,2);
    end;
```

```matlab
% Place the cross-correlated variables into the cell array
% of the input random variables
inputs{kPopup} = kPopupVariable;
inputs{lPopup} = lPopupVariable;

% Simulation of the output random variable (temperature)
signal = temptosignal(tObject, emiss, tAmb, tAtm,...
                      humRel, dist, h.alpha1, h.alpha2,...
                      h.beta1, h.beta2, h.X, h.R, h.B,...
                      h.F, h.obas, h.L, h.globalGain,...
                      h.globalOffset);
for i = 1:jLen
    tOut(:,i) = cameramodel(signal, inputs{1}(:,i),...
                      inputs{2}(:,i), inputs{3}(:,i),...
                      inputs{4}(:,i), inputs{5}(:,i),...
                      h.alpha1, h.alpha2, h.beta1,...
                      h.beta2, h.X, h.R, h.B, h.F,...
                      h.obas, h.L, h.globalGain,...
                      h.globalOffset);
end;

% End of CORRELATIONS.M
```

```matlab
%%%%%%%%%%%%%%%%%%%%%%%%%%%%%%%%%%%%%%%%
%                                      %
% COVERINT.M                           %
%                                      %
% Calculates coverage interval for FLIR %
% ThermaCAM infrared cameras with the method %
% for the propagation of distribution   %
% assuming uniform distribution of input %
% values                                %
%                                      %
% Copyright Feb, 2008 by Sebastian Dudzik %
% (sebdud@el.pcz.czest.pl)             %
%                                      %
%%%%%%%%%%%%%%%%%%%%%%%%%%%%%%%%%%%%%%%%

% Initial screen
clc;
h = {};
```

```
disp('******************************************');
disp('*                                        *');
disp('*     Calculation of coverage interval   *');
disp('*     for FLIR ThermaCAM infrared cameras *');
disp('*                                        *');
disp('******************************************');
disp(' ');

% Input for the name of file recorded with infrared camera
disp(' * * * FILE NAME AND MEASURED TEMPERATURE BLOCK * * *');
disp(' ');
fileName = input(['Name of *.img recorded file:' ...
                  '(must be in the same dir):'],'s');

% Reading the radiometric data from *.img file
% into the structure of hSEE ALSO: loadimgheader.m function
h = loadimgheader(fileName, h);

% Input for the temperature value of specified pixel
% in the thermogram
tObject = input('Value of measured temperature (K):');

disp(' ');
disp(' * * * REFERENCE CONDITIONS BLOCK * * *');
disp(' ');

% Input for the emissivity value (set in the camera)
emiss = input('Value of emissivity: ');

% Input for the ambient temperature value (set in the camera)
tAmb = input('Value of ambient temperature (K): ');

% Input for the value of atmosphere temperature
% (set in the camera)
tAtm = input('Value of temperature of atmosphere (K): ');

% Input for the relative humidity value (set in the camera)
humRel = input('Value of relative humidity : ');

% Input for the camera-to-object distance value
% (set in the camera)
```

```matlab
dist = input('Value of camera - to - object distance (m): ');

disp(' ');
disp(' * * * STANDARD UNCERTAINTIES OF INPUT VARIABLES BLOCK * * *');
disp(' ');

% Input for the standard uncertainty of emissivity measurement
emissUn = input('Standard uncertainty of emissivity: ');

% Input for the standard uncertainty of ambient
% temperature measurement
tAmbUn = input(['Standard uncertainty of ambient '...
                'temperature (K): ']);

% Input for the standard uncertainty of temperature
% of atmosphere measurement
tAtmUn = input(['Standard uncertainty of temperature '...
                'of atmosphere (K): ']);

% Input for the standard uncertainty of relative
% humidity measurement
humRelUn = input('Standard uncertainty of relative humidity: ');

% Input for the standard uncertainty of camera - to object
% distance measurement
distUn = input(['Standard uncertainty of camera - to - object '...
                'distance (m): ']);

% Calculation of the signal - from - detector value on the basis
% tObject temperature
% SEE ALSO: temptosignal.m function
signal = temptosignal(tObject, emiss, tAmb, tAtm, humRel, dist,...
                h.alpha1, h.alpha2, h.beta1, h.beta2, h.X, h.R,...
                h.B, h.F, h.obas, h.L, h.globalGain, h.globalOffset);

% Estimation of parameters of the uniform distribution
% for the emissivity input variable
% SEE ALSO: estunifrpars.m function
[a1 b1] = estunifrpars(emiss, emissUn^2);

% Estimation of parameters of the uniform distribution
% for the temperature of atmosphere input variable
```

```
% SEE ALSO: estunifrpars. m function
[a2 b2] = estunifrpars(tAtm,tAtmUn^2);

% Estimation of parameters of the uniform distribution
% for the ambient temperature input variable
% SEE ALSO: estunifrpars. m function
[a3 b3] = estunifrpars(tAmb, tAmbUn^2);

% Estimation of parameters of the uniform distribution
% for the relative humidity input variable
% SEE ALSO: estunifrpars. m function
[a4 b4] = estunifrpars(humRel, humRelUn^2);

% Estimation of parameters of the uniform distribution
% for the camera – to – object distance input variable
% SEE ALSO: estunifrpars. m function
[a5 b5] = estunifrpars(dist, distUn^2);

% Generation of random uniform distribution of the
% emissivity input variable according to parameters
% calculated above (1e6 samples)
x1 = unifrnd(a1,b1,1e6,1);

% Generation of random uniform distribution of the
% temperature of atmosphere input variable according to
% parameters calculated above (1e6 samples)
x2 = unifrnd(a2,b2,1e6,1);

% Generation of random uniform distribution of the
% ambient temperature input variable according to
% parameters calculated above (1e6 samples)
x3 = unifrnd(a3,b3,1e6,1);

% Generation of random uniform distribution of the relative
% humidity input variable according to parameters calculated
% above (1e6 samples)
x4 = unifrnd(a4,b4,1e6,1);

% Generation of random uniform distribution of the
% camera – to – object distanceinput variable according
% to parameters calculated above (1e6 samples)
x5 = unifrnd(a5,b5,1e6,1);
```

```
% Applying the method for the propagation of
% distribution for obtaining the temperature distribution
% SEE ALSO: cameramodel.m function
temperature = cameramodel(signal, x1, x2, x3, x4, x5,...
                h.alpha1, h.alpha2, h.beta1, h.beta2, h.X, h.R,...
                h.B, h.F, h.obas, h.L, h.globalGain, h.globalOffset);

disp(' ');
disp(' * * * RESULTS BLOCK * * *')
disp(' ');
disp('Combined standard uncertainty of object temperature');

% Calculating combined standard uncertainty of temperature
% of specified pixel
std(temperature)

% Calculation of 95% coverage interval for measured temperature
% SEE ALSO: distribute.m function
tDist = distribute(temperature);
i = find(tDist(:,2) <= 0.025);
tLow = tDist(i(end),1);
i = find(tDist(:,2) <= 0.975);
tHigh = tDist(i(end),1);
disp(' ');
disp(['95% coverage interval ([tLow tHigh]): ['...
    num2str(tLow)', ' num2str(tHigh) ']']);

% End of COVERINT.M
```

```
%%%%%%%%%%%%%%%%%%%%%%%%%%%%%%%%%%%%%%%%
%                                       %
% PLOTCOMPONENTS.M                      %
%                                       %
% Plots component of the given input random  %
% variable with COMPONENTS.M            %
%                                       %
% WARNING: Run after COMPONENTS.M       %
%                                       %
% Copyright Feb, 2008 by Sebastian Dudzik %
% (sebdud@el.pcz.czest.pl)              %
%                                       %
%%%%%%%%%%%%%%%%%%%%%%%%%%%%%%%%%%%%%%%%
```

```matlab
% Plot the emissivity component
plot(100*(emissUn/emiss),emissStdRel);
xlabel(['Standard uncertainty of the emissivity '...
        'u[\epsilon_{ob}]\rm (%)']);
ylabel(['Component of the standard uncertainty '...
        'u[T_{ob}]\rm (%)']);
set(gca,'XMinorTic','on');
set(gca,'YMinorTic','on');
grid on;
legend(['T_{ob} = ' num2str(tObject) ' K']);

% Plot the ambient temperature component
figure
plot(100*(tAmbUn/tAmb),tAmbStdRel);
xlabel(['Standard uncertainty of the ambient temperature'...
        ' u[T_{o}]\rm (%)']);
ylabel(['Component of the standard uncertainty '...
        'u[T_{ob}]\rm (%)']);
set(gca,'XMinorTick','on');
set(gca,'YMinorTick','on');
grid on;
legend(['T_{ob} = ' num2str(tObject) ' K']);

% Plot the atmosphere temperature component
figure
plot(100*(tAtmUn/tAtm),tAtmStdRel);
xlabel(['Standard uncertainty of the atmosphere '...
        'temperature u[T_{atm}]\rm (%)']);
ylabel(['Component of the standard uncertainty'...
        ' u[T_{ob}]\rm (%)']);
set(gca,'XMinorTick','on');
set(gca,'YMinorTick','on');
grid on;
legend(['T_{ob} = ' num2str(tObject) ' K']);

% Plot the relative humidity component
figure
plot(100*(humRelUn/humRel),humRelStdRel);
xlabel(['Standard uncertainty of the relative '...
        'humidity'...
        ' u[\omega]\rm (%)']);
ylabel(['Component of the standard uncertainty'...
```

```matlab
            ' u[T_{ob}]\rm(%)']);
set(gca,'XMinorTick','on');
set(gca,'YMinorTick','on');
grid on;
legend(['T_{ob} = ' num2str(tObject) ' K']);

% Plot the camera-to-object distance component
figure
plot(100*(distUn/dist),distStdRel);
xlabel(['Standard uncertainty of the ' ...
        'camera-to-object distance u[d]\rm(%)']);
ylabel(['Component of the standard uncertainty' ...
        ' u[T_{ob}]\rm(%)']);
set(gca,'XMinorTick','on');
set(gca,'YMinorTick','on');
grid on;
legend(['T_{ob} = ' num2str(tObject) ' K']);

% End of PLOTCOMPONENTS.M
```

```matlab
%%%%%%%%%%%%%%%%%%%%%%%%%%%%%%%%%%%%%%%%%
%                                       %
% PLOTCORRELATIONS.M                    %
%                                       %
% Plots correlation between the         %
% cross-correlated input variables of the %
% FLIR ThermaCAM infrared camera model  %
%                                       %
% WARNING: Run after CORRELATIONS.M     %
%                                       %
% See also: PLOTCORRELATED              %
%                                       %
% Copyright Feb, 2008 by Sebastian Dudzik %
% (sebdud@el.pcz.czest.pl)              %
%                                       %
%%%%%%%%%%%%%%%%%%%%%%%%%%%%%%%%%%%%%%%%%

% Initial screen
clc;
h = {};
disp('*******************************************');
disp('*                                         *');
disp('*      Plots correlations between the     *');
```

```
disp('  *     cross-correlated input variables of  *         ');
disp('  *     the FLIR ThermaCAM infrared camera              *');
disp('  *                    model                            *');
disp('  *                                                     *');
disp('******************************************************');
disp(' ');

%  *  *  *  CORRELATION COEFFICIENT INPUT BLOCK  *  *  *
disp(' ');
disp('The value of the correlation coefficient')
disp('for cross-correlated variables ');
disp(' ');
corrCoef = input('Enter value: ');

%  *  *  *  DESIRED VARIABLE CORRELATION PLOT  *  *  *
firstVar = inputs{kPopup};
secondVar = inputs{lPopup};
diffCorrCoef = abs(jCorrCoef - corrCoef);
[y,i] = min(diffCorrCoef);
corrCoef = jCorrCoef(i);
[n1 ctr1] = hist(firstVar(:,i),30);
[n2 ctr2] = hist(secondVar(:,i),30);
plotcorrelated(firstVar(:,i),...
            secondVar(:,i),corrCoef);

% Choice of appropriate input variable name
% for the x axis label
switch kPopup
    case 1
        xLab ='Emissivity \it{\epsilon_{ob}}';
    case 2
        xLab = ['Ambient temperature'...
                ' \it T_{o} \rm(K)'];
    case 3
        xLab = ['Temperature of atmosphere'...
                ' \it T_{atm} \rm(K)'];
    case 4
        xLab = ['Relative humidity'...
                ' \it{\omega}'];
    case 5
        xLab = ['Camera-to-object distance '...
                '\it{\d}'];
end

% Choice of appropriate input variable name
```

```
% for the y axis label
switch lPopup
    case 1
        yLab = 'Emissivity \it{\epsilon_{ob}}';
    case 2
        yLab = ['Ambient temperature' ...
                ' \it T_{o} \rm(K)'];
    case 3
        yLab = ['Temperature of atmosphere' ...
                ' \it T_{atm} \rm(K)'];
    case 4
        yLab = ['Relative humidity' ...
                ' \it{omega}'];
    case 5
        yLab = ['Camera - to - object distance ' ...
                '\it{d}'];
end

xlabel(xLab);
ylabel(yLab);

% End of PLOTCORRELATIONS. M
```

```
%%%%%%%%%%%%%%%%%%%%%%%%%%%%%%%%%%%%%
%                                                          %
% PLOTCORRSENS. M                                          %
%                                                          %
% Plots the combined standard uncertainty vs.              %
% correlation coefficient between input                    %
% variables of the FLIR ThermaCAM infrared                 %
% camera model                                             %
%                                                          %
% WARNING: Run after CORRELATIONS. M                       %
%                                                          %
% See also: PLOTSENSITIVE                                  %
%                                                          %
% Copyright Feb, 2008 by Sebastian Dudzik                  %
% (sebdud@ el. pcz. czest. pl)                             %
%                                                          %
%%%%%%%%%%%%%%%%%%%%%%%%%%%%%%%%%%%%%

sensitive = 100. * std(tOut)./tObject;

plotsensitive(jCorrCoef, sensitive);

% End of PLOTCORRSENS. M
```

A.6　MATLAB 源代码（函数）

```
function y = cameramodel(pixel, emissivity, tAmb, tAtm, ...
            humidity, distance, alpha1, alpha2, ...
            beta1, beta2, X, R, B, F, ...
            obas, L, globalGain, globalOffset)
% CAMERAMODEL The model of the measurement with ThermaCAM PM595
% infrared camera
%
%   Y = CAMERAMODEL(PIXEL, EMISSIVITY, TAMB, TATM, HUMIDITY,
%   DISTANCE, ALPHA1, ALPHA2, BETA1, BETA2, X, R, B, F,
%   OBAS, L, GLOBALGAIN, GLOBALOFFSET)
%
%   TEMPERATURE: Measured temperature
%   EMISSIVITY: Emissivity of object
%   TAMB: Ambient temperature
%   TATM: Temperature of atmosphere
%   HUMIDITY: Relative humidity
%   DISTANCE: Camera-to-object distance,
%
%   R, B, F, X,
%    ALPHA1, ALPHA2,
%   BETA1, BETA2,
%   GLOBALGAIN, GLOBALOFFSET,
%   L, OBAS: Calibration and adjusting parameters
%
% See also: LOADIMGHEADER, TEMPTOSIGNAL
%
% Copyright Feb, 2008 by Sebastian Dudzik
% (sebdud@ el. pcz. czest. pl)

tAtmCelsius = tAtm - 273.15;
h2o = humidity. * exp(1.5587 + (6.939e-2). * tAtmCelsius - ...
 (2.7816e-4). * tAtmCelsius.^2 + (6.8455e-7). * tAtmCelsius.^3);

% Calculation of transmission of atmosphere
tau = X. * exp((-1). * sqrt(distance). * (alpha1 + ...
beta1. * sqrt(h2o))) + (1 - X). * exp((-1). * ...
sqrt(distance). * (alpha2 + beta2. * sqrt(h2o)));

% Linearization of pixel values
lFunc = (pixel - obas)./(1 - (L. * (pixel - obas)));

% Calculation of compensated pixel values
```

```
absPixel = globalGain.*lFunc + globalOffset;

% Calculation of detector signal value
k1 = 1./(emissivity.*tau);
k2 = (((1 - emissivity)./emissivity).*...
    (R./(exp(B./tAmb) - F))) + (((1 - tau)./...
    (emissivity.*tau)).*(R./(exp(B./tAmb) - F)));

objSignal = (k1.*absPixel/2) - k2;

% Calculation of temperature values
y = B./log((R./objSignal) + F);

% End of CAMERAMODEL
```

```
function[y] = distribute(inputVector);
% DISTRIBUTE Calculates the approximation of distribution for the input
%           random variable INPUTVECTOR
%
%   Y = DISTRIBUTE(INPUTVECTOR)
%     INPUTVECTOR: Input random variable
%
% See also: TEMPTOSIGNAL, CAMERAMODEL
%
% Copyright Feb, 2008 by Sebastian Dudzik.
% (sebdud@el.pcz.czest.pl)
inputSorted = sort(inputVector);
M = length(inputVector);
pr = zeros(1,M);
i = 1:M;
pr = (i - 0.5)./M;
y = [inputSorted pr'];

% End of DISTRIBUTE
```

```
function [miLog, sigmaLog] = estlogpars(expectedVal, variance)
% ESTLOGPARS estimates of parameters of the log-normal
%           distribution on the basis of expected value and
%           variance
%
%   [MILOG, SIGMALOG] = ESTLOGPARS(EXPECTEDVAL, VARIANCE)
%
%     EXPECTEDVAL: Expected value
%     VARIANCE: Variance
```

```
%     MILOG, SIGMALOG : parameters of the log - normal
%                      distribution
%
% See also: ESTUNIFRPARS

sigmaLog = sqrt( log( ( variance + expectedVal.^2 )./expectedVal.^2 ) );
miLog = log( expectedVal.^2./sqrt( variance + expectedVal.^2 ) );

% End of ESLOGPARS
```

```
function [a, b] = estunifrpars( expectedVal, variance )
% ESTUNIFRPARS Estimates of parameters of uniform
%                      distribution on the basis of the
%                      expected value and variance
%
%     EXPECTEDVAL : Expected value
%     VARIANCE : Variance
%     A, B : Parameters of the uniform distribution
%
% See also: ESTLOGPARS

a = expectedVal - sqrt( 3 * variance );
b = expectedVal + sqrt( 3 * variance );

% End of ESTRUNIFRPARS. M
```

```
function biLogVariable = gencorrlog( parsNorm, parsLog,...
                                     jCorrCoef, noSamples );
% GENCORRLOG Generates 2 - dimensional, cross - correlated
%                      log - normal distribution
%     BIUNIVARIABLE = GENCORRLOG( parsNorm, parsLog,
%                                     jCorrCoef, noSamples );
%
%     parsNorm : Cell array with parameters of the input
%                variables of the normal distribution
%                {[mu1 sig1] [mu2 sig2]}
%     parsLog : Cell array with parameters of the input
%                variables of the log - normal distribution
%                {[mu1 sig1] [mu2 sig2]}
% jCorrCoef : Vector of the cross - correlation coefficients
%                for input variables
%
%     noSamples : Number of samples in the resulted log - normal
%                 distributions
%
```

```
% See also: GENCORRUNI
% Copyright Feb, 2008 by Sebastian Dudzik.
% (sebdud@ el. pcz. czest. pl)

jLen = length(jCorrCoef);
% Covariance matrices of the input normal distributions
for i = 1:jLen;
    sigmaDep{i} = [parsNorm{1}(1,2)^2
jCorrCoef(i) * parsNorm{1}(1,2) *...
        parsNorm{2}(1,2);
jCorrCoef(i) * parsNorm{1}(1,2) *...
        parsNorm{2}(1,2) parsNorm{2}(1,2)^2];
end;
% 2 - dimensional variable of normal distribution
for i = 1:jLen
    biNormalVariable{i} = mvnrnd([parsNorm{1}(1,1) parsNorm{2}(1,1)],...
                                    sigmaDep{i}, noSamples);
end;
% Normalized variable (copula) of normal distribution
for i = 1:jLen
    biHelpVariable{i} = [normcdf(biNormalVariable{i}(:,1),
parsNorm{1}(1,1),...
                    parsNorm{1}(1,2))...
                normcdf(biNormalVariable{i}(:,2),
parsNorm{2}(1,1),...
                    parsNorm{2}(1,2))];
end;
% 2 - dimensional, cross - correlated variable of log - normal distribution
for i = 1:jLen
    biLogVariable{i} = [logninv(biHelpVariable{i}(:,1), parsLog{1}(1,1),...
                    parsLog{1}(1,2))...
                logninv(biHelpVariable{i}(:,2),
parsLog{2}(1,1),...
                    parsLog{2}(1,2))];
end;

% End of GENCORRLOG. M
```

```
function biUniVariable = gencorruni(parsNorm,...
                    parsUni, jCorrCoef, noSamples);
% GENCORRUNI Generates 2 - dimensional, cross - correlated
%                uniform distribution
%    BIUNIVARIABLE = GENCORRUNI(parsNorm, parsUni,
%                    jCorrCoef, noSamples);
%
```

```
%    parsNorm : Cell array with parameters of the input
%               variables of the normal distribution
%               {[mu1 sig1] [mu2 sig2]}
%    parsUni : Cell array with parameters of the input
%              variables of the uniform distribution
%              {[mu1 sig1] [mu2 sig2]}
%    jCorrCoef : Vector of the cross-correlation coefficients
%                for input variables
%
%    noSamples : Number of samples in the resulted uniform
%                distributions
%
% See also: GENCORRLOG
% Copyright Feb, 2008 by Sebastian Dudzik.
% ( sebdud@ el. pcz. czest. pl)

jLen = length(jCorrCoef);
% Covariance matrices of the input normal distributions
for i = 1:jLen;
    sigmaDep{i} = [parsNorm{1}(1,2)^2 jCorrCoef(i)*...
                    parsNorm{1}(1,2) * parsNorm{2}(1,2);...
                    jCorrCoef(i) * parsNorm{1}(1,2) *...
                    parsNorm{2}(1,2) parsNorm{2}(1,2)^2];
end;
% 2-dimensional variable of normal distribution
for i = 1:jLen
    biNormalVariable{i} = mvnrnd([parsNorm{1}(1,1)...
                            parsNorm{2}(1,1)],...
                            sigmaDep{i}, noSamples);
end;
% Normalized variable (copula) of normal distribution
for i = 1:jLen
    biHelpVariable{i} = [normcdf(biNormalVariable{i}(:,1),...
                    parsNorm{1}(1,1),...
                    parsNorm{1}(1,2))...
                    normcdf(biNormal Variable{i}(:,2),...
                    parsNorm{2}(1,1),...
                    parsNorm{2}(1,2))];
end;
% 2-dimensional, cross-correlated variable of uniform
% distribution
for i =1:jLen
    biUniVariable{i} = [unifinv(biHelpVariable{i}(:,1),...
                    parsUni{1}(1,1),...
                    parsUni{1}(1,2))...
                    unifinv(biHelp Variable{i}(:,2),...
```

```
                    parsUni{2}(1,1),...
                    parsUni{2}(1,2))];
end;

% End of GENCORRUNI.M
```

```
function h = loadimgheader(file, h)
% LOADIMGHEADER Loads a header of *.img file
%   H = LOADIMGHEADER(FILE, H) function returns the
%                             measurement parameters
%                             into the H structure
%   H = {
%         R, B, F, X, alpha1, alpha2,
%         beta1, beta2, tMin, tMax: float32;
%         globalGain, L: float32;
%         globalOffset: int32;
%         obas: uint16;
%         emissivity, distance, tAmbient, tAtmosphere,
%         humidity: float32;
%       }
% See also: TEMPTOSIGNAL, CAMERAMODEL
%
% Copyright Feb, 2008 by Sebastian Dudzik
% (sebdud@el.pcz.czest.pl)


% Addresses of the start of the header reading
index = readimgdatablock(file,0,'18',0,'lu');
block = readimgdatablock(file,0,index + hex2dec('0c'),1,'lu');
% Calibration parameters
calBlock = block + hex2dec('44');
h.R = readimgdatablock(file,calBlock,'0',0,'f');
h.B = readimgdatablock(file,calBlock,'4',0,'f');
h.F = readimgdatablock(file,calBlock,'8',0,'f');
h.X = readimgdatablock(file,calBlock,'1c',0,'f');
h.alpha1 = readimgdatablock(file,calBlock,'c',0,'f');
h.alpha2 = readimgdatablock(file,calBlock,'10',0,'f');
h.beta1 = readimgdatablock(file,calBlock,'14',0,'f');
h.beta2 = readimgdatablock(file,calBlock,'18',0,'f');
h.tMax = readimgdatablock(file,calBlock,'20',0,'f');
h.tMin = readimgdatablock(file,calBlock,'24',0,'f');
```

```
% Adjusting parameters
adjustBlock = block + hex2dec('10c');
h.globalGain = readimgdatablock(file,adjustBlock,'4',0,'f');
h.obas = readimgdatablock(file,adjustBlock,'1a',0,'s');
h.globalOffset = readimgdatablock(file,adjustBlock,'0',0,'l');
h.L = readimgdatablock(file,adjustBlock,'10',0,'f');

% Object parameters
objBlock = block + hex2dec('2c');
h.emissivity = readimgdatablock(file,objBlock,'0',0,'f');
h.distance = readimgdatablock(file,objBlock,'4',0,'f');
h.tAmbient = readimgdatablock(file,objBlock,'8',0,'f');
h.tAtmosphere = readimgdatablock(file,objBlock,'10',0,'f');
h.humidity = readimgdatablock(file,objBlock,'14',0,'f');

% End of LOADIMGHEADER
function plotcorrelated(x,y,i)
% PLOTCORRELATED(X,Y,I)
%    X: First cross-correlated input variable
%    Y: Second cross-correlated input variable
%    I: Value of the cross-correlation coefficient
%
% Copyright Feb, 2008 by Sebastian Dudzik.
% (sebdud@el.pcz.czest.pl)

% Create plot
figure;
plot1 = plot(...
    x,y,...
    'LineStyle','none',...
    'Marker','.',...
    'MarkerSize',4);

text(min(x)+0.01*min(x), max(y) - ...
    0.05*(max(y) - min(y)),...
    ['\rho = ' num2str(i)],'FontName',...
    'Arial Unicode MS','FontSize',...
    12,'FontWeight','bold');

% End of PLOTCORRELATED.M
```

```
function [y] = plotdistcomp(distribution, nOfSimPoint);
% PLOTDISTCOMP Plots distribution of the input random variable
%
%   [Y] = PLOTDISTCOMP(DISTRIBUTION, NOFSIMPOINT)
%
%   DISTRIBUTION: distribution of the input random variable
%   NOFSIMPOINT: Number of simulation point
%
%   WARNING: Run after COMPONENTS.M
%
% Copyright Feb, 2008 by Sebastian Dudzik
% (sebdud@el.pcz.czest.pl)


% Plot histogram of the component
hist(distribution(nOfSimPoint,:),20); figure(gcf);

% End of PLOTDISTCOMP.M
```

```
function plotsensitive(x, y)
% PLOTSENSITIVE(X,Y)
%   X: vector of x data
%   Y: matrix of y data
%
% Copyright Feb, 2008 by Sebastian Dudzik.
% (sebdud@el.pcz.czest.pl)

% Create figure
figure1 = figure('PaperPosition',...
                 [0.634 6.345 18.79 15.23],...
                 'PaperSize',[20.98 29.68],...
                 'Position',[176 222 658 511]);

% Create axes
axes1 = axes(...
    'FontSize',10,...
    'XGrid','on',...
    'YGrid','on',...
    'Parent',figure1);
xlim(axes1,[-0.99 0.99]);
hx = xlabel(axes1,'\it{\rho}');
hy = ylabel(axes1,'u_c(T_{ob}), %');
```

```
box(axes1,'on');
hold(axes1,'all');

% Create multiple linesusing matrix input to plot
plot1 = plot(x,y);

% End of PLOTSENSITIVE. M
```

```
function y = readimgdatablock(name, start, adress, ...
                        typeOfAdress, typeOfData)
% READIMGDATABLOCK Reads single typed value from the *. img file
%   Y = READIMGDATABLOCK(NAME, START, ADRESS,
%                       TYPEOFADRESS, TYPEOFDATA)
%
%   NAME            - File name
%   START           - Starting block address
%   ADRESS          - Data address relative to
                      starting block
%                     address
%   TYPEOFADRESS    - Data address type:
%                       (0) - hexadecimal,
%                       (1) - decimal
%   TYPEOFDATA      - Data type: 'f' - float32, 'lu' - uint32,
%                                'l' - int32, 's' - uint16
%
% Copyright Feb, 2008 by Sebastian Dudzik.

fid = fopen(name,'r','b');
if typeOfAdress == 0
    adres = start + hex2dec(adress);
else
    adres = adress + start;
end
if typeOfData =='f'

    status = fseek(fid,adres,'bof');
    [y,count] = fread(fid,1,'float32');

elseif typeOfData =='lu'

    status = fseek(fid,adres,'bof');
```

```
        [y,count] = fread(fid,1,'uint32');

elseif typeOfData == 'l'

    status = fseek(fid,adres,'bof');
    [y,count] = fread(fid,1,'int32');

elseif typeOfData == 's'

    status = fseek(fid,adres,'bof');
    [y,count] = fread(fid,1,'uint16');

end

status = fclose(fid);

% End of READIMGDATABLOCK
```

```
functiony = temptosignal(temperature, emissivity, tAmb, ...
            tAtm, humidity, distance, alpha1, ...
            alpha2, beta1, beta2, X, R, B, F,...
            obas, L, globalGain, globalOffset)
% TEMPTOSIGNAL Calculates pixel value on the basis
%              of temperature value
% Y = TEMPTOSIGNAL(TEMPERATURE, EMISSIVITY, TAMB,
%                  TATM, HUMIDITY, DISTANCE, ALPHA1,
%                  ALPHA2, BETA1, BETA2, X, R, B, F,
%                  BAS, L, GLOBALGAIN, GLOBALOFFSET)
%
% TEMPERATURE: Measured temperature
% EMISSIVITY:  Emissivity of object
% TAMB:        Ambient temperature
% TATM:        Temperature of atmosphere
% HUMIDITY:    Relative humidity
% DISTANCE:    Camera-to-object distance,
%
% R, B, F, X,
% ALPHA1, ALPHA2,
% BETA1, BETA2,
% GLOBALGAIN,
% GLOBALOFFSET, L, OBAS: Calibration and adjusting
```

```
%                parameters
%
% See also: LOADIMGHEADER, CAMERAMODEL
%
% Copyright November 2008 by Sebastian Dudzik.

tAtmCelsius = tAtm - 273.15;

h2o = humidity * exp(1.5587 + (6.939e-2). * ...
      tAtmCelsius - (2.7816e-4). * tAtmCelsius^2 + ...
      (6.8455e-7). * tAtmCelsius^3);

tau = X * exp((-1) * sqrt(distance) * ...
      (alpha1 + beta1 * sqrt(h2o))) + ...
      (1 - X) * exp((-1) * sqrt(distance) * ...
      (alpha2 + beta2 * sqrt(h2o)));

varH = exp(B./temperature);
varH = varH - F;
objSignal = R./varH;
k1 = 1./(emissivity.*tau);
k2 = (((1 - emissivity)./emissivity).* ...
     (R./(exp(B./tAmb) - F))) + ...
     (((1 - tau)./(emissivity.*tau)).* ...
     (R./(exp(B./tAmb) - F)));
absPixel = 2 * (objSignal + k2)./k1;
lFunc = (absPixel - globalOffset)./globalGain;
y = obas + (lFunc./(1 + L.*lFunc));

% End of TEMPTOSIGNAL
```

A.7 MATLAB 程序示例

A.7.1 物体温度合成标准不确定度的计算

问题：在表 A.3 所列测量条件下（见 5.2.3 节和表 5.2、表 5.3）计算物体温度合成标准不确定度的分量。

表 A.3 程序示例中计算物体温度合成标准不确定度的测量条件

输入量	物体发射率 ε_{ob}	环境温度 T_o/K	大气温度 T_{atm}/K	相对湿度 ω	物像距离 d/m
估计值	0.9	293	293	0.5	1
不确定度范围	(0~30)%	(0~3)%	(0~3)%	(0~30)%	(0~30)%

红外相机测得的物体温度值为 363K,红外相机记录的热像图像存储在名为 D1017 – 10. img 的文件中。

解决方案:下面是使用 A.5 节和 A.6 节中的 m 文件 components. m 和 plot-components. m 解决此问题的 MATLAB 程序示例。

```
>> components
* * * * * * * * * * * * * * * * * * * * * * * * * * * * * * * *
*                                                              *
* Calculation of components of the                             *
* combined standard uncertainty                                *
* of the object temperature                                    *
* for FLIR ThermaCAM infrared cameras                          *
*                                                              *
* * * * * * * * * * * * * * * * * * * * * * * * * * * * * * * *

* * * FILE NAME AND MEASURED TEMPERATURE BLOCK * * *
Name of *. img recorded file
(must be in the same dir): D1017 – 10. img
Value of measured temperature (K):363

* * * REFERENCE CONDITIONS BLOCK * * *
Value of emissivity: 0.9
Value of ambient temperature (K): 293
Value of temperature of atmosphere (K): 293
Value of relative humidity : 0.5
Value of camera – to – object distance (m): 1

* * * RANGES OF THE STANDARD UNCERTAINTIES OF
INPUT VARIABLES BLOCK * * *
Minimum uncertainty of emissivity (%): 0
Maximum uncertainty of emissivity (%): 30
Minimum uncertainty of ambient temperature (%): 0
Maximum uncertainty of ambient temperature (%): 3
Minimum uncertainty of temperature of atmosphere (%): 0
Maximum uncertainty of temperature of atmosphere (%): 3
Minimum uncertainty of relative humidity (%): 0
Maximum uncertainty of relative humidity (%): 30
Minimum uncertainty of camera – to – object distance (%): 0
Minimum uncertainty of camera – to – object distance (%): 30
Number of simulation points: 100

* * * THE DISTRIBUTIONS OF THE INPUT RANDOM VARIABLES BLOCK * * *
```

```
1 - Lognormal distribution
2 - Uniform distribution

Enter type of distribution (1/2): 2
>> plotcomponents
```

所得曲线图可与图 5.23（a）、图 5.25（a）、图 5.27（a）、图 5.29（a）、图 5.31（a）（5.3.1 节~5.3.5 节）中表示测量温度值为 363K 的分量曲线进行比较。

A.7.2 物体温度合成标准不确定度和 95％置信区间的计算

问题：在表 A.4 所列测量条件下（见 5.5.2 节和表 5.7、表 5.8），计算物体温度的合成标准不确定度和 95％置信区间。

表 A.4 计算物体温度合成标准不确定度和 95％置信区间的测量条件

输入量	物体发射率 ε_{ob}	环境温度 T_o/K	大气温度 T_{atm}/K	相对湿度 ω	物像距离 d/m
估计值	0.9	293	293	0.5	10
不确定度范围	0.09	9	9	0.05	1

红外相机测得的物体温度值为 363K，红外相机记录的热像图像存储在名为 D1017-10.img 的文件中。

解决方案：下面是使用 A.5 节和 A.6 节中的 m 文件 coverint.m 和 plotresults.m 解决此问题的 MATLAB 程序示例。

```
>> coverint
********************************************
* *
* Calculation of coverage interval *
* for FLIR ThermaCAM infrared cameras *
* *
********************************************
* * * FILE NAME AND MEASURED TEMPERATURE BLOCK * * *
Name of *.img recorded file
(must be in the same dir): D1017-10.img
Value of measured temperature (K):363
* * * REFERENCE CONDITIONS BLOCK * * *
Value of emissivity:0.9
Value of ambient temperature (K): 293
Value of temperature of atmosphere (K):293
Value of relative humidity : 0.5
```

```
Value of camera – to – object distance (m): 10
* * * STANDARD UNCERTAINTIES OF INPUT VARIABLES BLOCK * * *
Standard uncertainty of emissivity: 0.09
Standard uncertainty of ambient temperature (K): 9
Standard uncertainty of temperature of atmosphere (K): 9
Standard uncertainty of relative humidity: 0.05
Standard uncertainty of camera – to – object distance (m): 1
* * * RESULTS BLOCK * * *
Combined standard uncertainty of object temperature
ans =
5.6505
95% coverage interval ([tLow tHigh]): [355.063, 374.2662]
>> plotresults
```

计算结果见表 5.9 和图 5.59 (5.5.2 节)。

A.7.3 相对合成标准不确定度与选定的输入随机变量相关系数的仿真

问题：在表 A.5 所列测量条件下（见 5.4.2 节和表 5.4、表 5.5），模拟表示物体发射率和大气温度的输入随机变量之间相互关系的影响。

相机测得的温度值为 363K，相关系数由 -0.99 逐步变化为 0.99，步长为 0.01。用红外相机记录的热像图存储在 D1017 - 10.img 文件中。

表 A.5 模拟选定输入随机变量相关系数之间相关性与相对合成标准不确定度的测量条件

输入量	物体发射率 ε_{ob}	环境温度 T_o/K	大气温度 T_{atm}/K	相对湿度 ω	物像距离 d/m
估计值	0.9	293	293	0.5	50
不确定度范围	0.09	29.3	29.3	0.05	5

下面是使用 A.5 节和 A.6 节中的 m 文件 correlations.m 和 plotcorrsens.m 解决此问题的 MATLAB 程序示例。

```
>> correlations
* * * * * * * * * * * * * * * * * * * * * * * * * * * * * *
* *
* Simulates the influence of the *
* cross – correlations between the input *
* variables of the FLIR ThermaCAM *
* infrared cameramodel on the *
* combined standard uncertainty *
```

```
* *
* * * * * * * * * * * * * * * * * * * * * * * * * * * * * * *
   * * * FILE NAME AND MEASURED TEMPERATURE BLOCK * * *
Name of * . img recorded file
(must be in the same dir): D1017 - 10. img
Value of measured temperature (K): 363
   * * * REFERENCE CONDITIONS BLOCK * * *
Value of emissivity: 0. 9
Value of ambient temperature (K): 293
Value of temperature of atmosphere (K): 293
Value of relative humidity: 0. 5
Value of camera - to - object distance (m): 50
   * * * STANDARD UNCERTAINTIES OF INPUT VARIABLES BLOCK * * *
Standard uncertainty of emissivity: 0. 09
Standard uncertainty of ambient temperature (K): 29
Standard uncertainty of temperature of atmosphere (K): 29
Standard uncertainty of relative humidity: 0. 05
Standard uncertainty of camera - to - object distance (m): 5
   * * * PARAMETERS OF CROSS - CORRELATIONS VECTOR BLOCK * * *
Starting value of cross - correlation vector: -0. 99
Step value into cross - correlation vector: 0. 01
Ending value of cross - correlation vector: 0. 99
   * * * THE DISTRIBUTIONS OF THE INPUT RANDOM VARIABLES BLOCK * * *
1 - Lognormal distribution
2 - Uniform distribution
Enter type of distribution (1/2): 2
   * * * THE CROSS - CORRELATED INPUT RANDOM VARIABLES BLOCK * * *
The List of the input variables' index
Index | Input variable
 - - - - - - - - - - | - - - - - - - - - - - - - - - -
1 | Emissivity
2 | Ambient temperature
3 | Atmosphere temperature
4 | Relative humidity
5 | Camera - to - object distance
Enter the index of the first
cross - correlated input variable: 1
Enter the index of the second
cross - correlated input variable: 3
> > plotcorrsens
```

所得曲线图可与图5.35（a）（5.4.2节）中表示测量温度值363K的曲线进行比较。

附录 B 各种材料法向发射率

（红外手册 2000，Minkina 2004）

材料	规格	温度/℃	光谱[a]	发射率
金属和金属氧化物					
铝	铝箔	27	10μm	0.04
	铝箔	27	3μm	0.09
	真空沉积	20	T	0.04
	抛光	50~100	T	0.04~0.06
	抛光板	100	T	0.05
	阳极氧化，黑色，无光泽	70	LW	0.95
	阳极氧化板	100	T	0.55
铝青铜		20	T	0.60
氢氧化铝	粉末		T	0.28
氧化铝	活性粉末		T	0.46
氧化铝	纯粉末（氧化铝）		T	0.16
黄铜	高度抛光	100	T	0.03
	抛光	200	T	0.03
	薄板，轧制	20	T	0.06
青铜	抛光	50	T	0.1
	多孔，粗糙	50~150	T	0.55
铬	抛光	500~1000	T	0.28~0.38
	抛光	50	T	0.10
铜	电解，抛光	−34	T	0.006
	电解，仔细抛光	80	T	0.018
	纯净，精心处理表面	22	T	0.008
	抛光，机械	22	T	0.015
	抛光	50~100	T	0.02
	氧化，黑色	27	T	0.78
	氧化后变黑		T	0.88

(续)

材料	规格	温度/℃	光谱[a]	发射率
金属和金属氧化物				
氧化铜	红色，粉末		T	0.70
二氧化铜	粉末		T	0.84
金	抛光	130	T	0.018
	仔细抛光	200~600	T	0.02~0.03
	高度抛光	100	T	0.02
铸铁	抛光	38	T	0.21
	抛光	40	T	0.21
	未制成形的	900~1100	T	0.87~0.95
	锭	1000	T	0.95
钢铁	电解	22	T	0.05
	电解	100	T	0.05
	电解，仔细抛光	175~225	T	0.05~0.06
	电解	260	T	0.07
	抛光	400~1000	T	0.14~0.38
	氧化	200~600	T	0.80
铁镀锡	薄板	24	T	0.064
铁镀锌	薄板	92	T	0.07
	薄板，磨光	30	T	0.23
	薄板，氧化	20	T	0.28
	严重氧化	70	SW	0.64
	严重氧化	70	LW	0.85
铅	未氧化，抛光	100	T	0.05
	光亮的	250	T	0.08
	200℃下氧化	200	T	0.63
红铅		100	T	0.93
镁		22	T	0.07
	抛光	20	T	0.07
镁粉			T	0.86
钼	细丝	600~1000	T	0.08~0.13
		700~2500	T	0.1~0.3
		1500~2200	T	0.19~0.26

（续）

材料	规格	温度/℃	光谱^a	发射率
金属和金属氧化物				
镍铬合金	轧制	700	T	0.25
	喷砂	700	T	0.70
	电线，干净	500~1000	T	0.71~0.79
	电线，干净	50	T	0.65
	电线，氧化	50~500	T	0.95~0.98
镍	电解	22	T	0.04
	电解	38	T	0.06
氧化镍		500~650	T	0.52~0.59
		1000~1250	T	0.75~0.86
铂		17	T	0.016
		22	T	0.03
		100	T	0.05
		260	T	0.06
		538	T	0.10
	丝带	900~1100	T	0.12~0.17
银	抛光	100	T	0.03
	纯银抛光	200~600	T	0.02~0.03
不锈钢	18-8型，抛光	20	T	0.16
	18-8型，800℃氧化	60	T	0.85
	薄板，抛光	70	SW	0.18
	薄板，抛光	70	LW	0.14
	薄板，未处理，轻微划伤	70	SW	0.30
	薄板，未处理，轻微划伤	70	LW	0.28
	轧制	700	T	0.45
	喷砂	700	T	0.70
锡	高光泽锡	20~50	T	0.04~0.06
	镀锡铁皮	100	T	0.07
钛	抛光	200	T	0.15
	抛光	500	T	0.20
	540℃下氧化	200	T	0.40
钨		200	T	0.05
		600~1000	T	0.1~0.16
		1500~2200	T	0.24~0.31
	丝状	3300	T	0.39

(续)

材料	规格	温度/℃	光谱[a]	发射率
金属和金属氧化物				
锌	抛光	200~300	T	0.04~0.05
	400℃下氧化	400	T	0.11
	薄板	50	T	0.20
	表面氧化	1000~1200	T	0.50~0.60
其他材料				
石棉	石棉粉		T	0.40~0.60
	石棉布		T	0.78
	石棉地板砖	35	SW	0.94
	石棉板	20	T	0.96
	石棉石板	20	T	0.96
	石棉纸	40~400	T	0.93~0.95
铺路沥青		4	LLW	0.967
砖	硅线石砖，加 33% SiO_2 和 64% Al_2O_3	1500	T	0.29
	耐火砖，加镁	1000~1300	T	0.38
	耐火砖，加刚玉	1000	T	0.46
	耐火砖，弱辐射	500~1000	T	0.65~0.75
	防水砖	17	SW	0.87
	红色，粗糙	20	T	0.88~0.93
	红色，普通	20	T	0.93
	砖砌体	35	SW	0.94
	抹灰泥的砖	20	T	0.94
碳	烛煤	20	T	0.95
	炭黑	20~400	T	0.95~0.97
刨花板	未处理	20	SW	0.90
黏土	烧制	70	T	0.91
布料	黑色	20	T	0.98
混凝土		20	T	0.92
	干混凝土	36	SW	0.95
	毛面混凝土	17	SW	0.97
	混凝土路面	5	LLW	0.974

（续）

材料	规格	温度/℃	光谱[a]	发射率
其他材料				
硬橡胶			T	0.89
金刚砂	钢砂板	80	T	0.85
搪瓷		20	T	0.9
	上漆的	20	T	0.85~0.95
纤维板	硬质纤维板，未处理	20	SW	0.85
	多孔纤维板，未处理	20	SW	0.85
	绝缘纤维板	70	LW	0.88
花岗岩	磨制花岗岩	20	LLW	0.849
	粗糙花岗岩	21	LLW	0.879
	粗糙花岗岩，4种不同的样品	70	SW	0.95~0.97
生石膏		20	T	0.8~0.9
漆	涂于粗糙表面的铝	20	T	0.4
	酚醛塑胶漆	80	T	0.83
	黑色哑光漆	100	T	0.97
	黑色无光漆	40~100	T	0.96~0.98
	白漆	40~100	T	0.8~0.95
皮革	深褐色皮革		T	0.75~0.80
石灰			T	0.3~0.4
砂浆		17	SW	0.87
	干砂浆	36	SW	0.94
润滑油	镍基薄膜：仅限镍基	20	T	0.05
	镍基薄膜：0.025mm 薄膜	20	T	0.27
	镍基薄膜：0.050mm 薄膜	20	T	0.46
	镍基薄膜：0.125mm 薄膜	20	T	0.72
	镍基薄膜：厚薄膜	20	T	0.82
涂料	铝粉涂料（不同年代）	50~100	T	0.27~0.67
	鲜黄色涂料		T	0.28~0.33
	铬绿色涂料		T	0.65~0.70
	艳蓝色涂料		T	0.7~0.8
	油性涂料	17	SW	0.87
	灰色光泽涂料	20	SW	0.96
	黑色塑性涂料	20	SW	0.95

(续)

材料	规格	温度/℃	光谱[a]	发射率
其他材料				
纸	黄色纸		T	0.72
	红色纸		T	0.76
	墨蓝色纸		T	0.84
	绿色纸		T	0.85
	黑色纸		T	0.90
	涂黑漆纸		T	0.93
	白色纸	20	T	0.7~0.9
	白色铜版纸	20	T	0.93
	黑色无光纸	70	SW	0.86
	黑色无光纸	70	LW	0.89
	黑色无光纸		T	0.94
石膏		17	SW	0.86
	底层石膏	20	T	0.91
	未经处理的石膏板	20	SW	0.90
塑料	PVC, 塑料地板, 无光泽, 有结构	70	SW	0.94
	PVC, 塑料地板, 无光泽, 有结构	70	LW	0.93
瓷器	白色光泽的瓷器		T	0.70~0.75
	釉瓷	20	T	0.92
橡胶	硬橡胶	20	T	0.95
	灰色粗糙的软橡胶	20	T	0.95
沙子			T	0.60
		20	T	0.90
砂岩	抛光砂岩	19	LLW	0.909
	粗砂岩	19	LLW	0.935
皮肤	人类皮肤	32	T	0.98
炉渣	锅炉渣	0~100	T	0.97~0.93
	锅炉渣	200~500	T	0.89~0.78
土壤	干土	20	T	0.92
	浸透水	20	T	0.95

(续)

材料	规格	温度/℃	光谱[a]	发射率
其他材料				
灰泥	粗石灰灰泥	10~90	T	0.91
泡沫塑料	绝缘泡沫塑料	37	SW	0.60
焦油			T	0.79~0.84
	焦油纸	20	T	0.91~0.93
瓦片	釉面砖	17	SW	0.94
壁纸	轻微花纹,浅灰色	20	SW	0.85
	轻微花纹,红色	20	SW	0.90
清漆	无光漆	20	SW	0.93
	橡木拼花地板上	70	SW	0.90
	橡木拼花地板上	70	LW	0.90~0.93
水	雪		T	0.8
	雪	−10	T	0.85
	层厚>0.1mm	0~100	T	0.95~0.98
	蒸馏水	20	T	0.96
	光滑的冰	−10	T	0.96
	光滑的冰	0	T	0.97
	严霜覆盖的冰	0	T	0.98
	霜晶体	−10	T	0.98
木材	地板		T	0.5~0.7
	刨平	20	T	0.8~0.9
	刨光橡木	20	T	0.90
	白湿木	20	T	0.7~0.8
	刨光橡木	70	SW	0.77
	刨光橡木	70	LW	0.88

注:[a]T——全谱(0~∞)μm;
　SW——2~5μm;
　LW——8~14μm;
　LLW——6.5~20μm。

参考文献

Astarita T., Cardone G., Carlomagno G.M. and Meola C. (2000) 'A survey on infrared thermography for convective heat transfer measurements', *Optics & Laser Technology*, Vol. 32, pp. 593–610.

Bąbka R. and Minkina W. (2001) 'Simulation research of usability of the mean square metric to analysis of temperature fields recorded with infrared system', Proceedings of XI Symposium 'Modelowanie i Symulacja Systemów Pomiarowych (Modeling and Simulation of Measurement Systems)' (MiSSP'2001), 17–21 September, Krynica Górska, pp. 129–136 (in Polish).

Bąbka R. and Minkina W. (2002a) 'Influence of calibration of an infrared camera on accuracy of sub-pixel edge detection of thermal objects', *Measurement, Automation and Monitoring*, Vol. 48, No. 4, pp. 11–13 (in Polish).

Bąbka R. and Minkina W. (2002b) 'Sub-pixel edge location in thermal images using a meansquare measure', Proceedings of 7th International Conference on Infrared Sensors & Systems (IRS^2 2002), ed. G. Gerlach, 14–16 May, Erfurt, pp. 213–218.

Bąbka R. and Minkina W. (2002c) 'Application of the statistical hypothesis method to identification of thermal anomalies in electric devices', Proceedings of V National Conference 'Termografia i Termometria w Podczerwieni (Thermography and Thermometry in Infrared)' (TTP'2002), ed. B. Wiecek, 14–16 November, Ustroń, pp. 353–358 (in Polish).

Bąbka R. and Minkina W. (2003a) 'Analysis of a model for determination of edge locations with sub-pixel accuracy using an infrared thermovision system', Proceedings of XIII Symposium 'Modelowanie i Symulacja Systemów Pomiarowych (Modeling and Simulation of Measurement Systems)' (MiSSP'2003), 8–11 September, Kraków, pp. 197–204 (in Polish).

Bąbka R. and Minkina W. (2003b) 'Estimation of development of thermal defects in electric devices using a thermovision system', Proceedings of Central European V Conference 'Metody i Systemy Komputerowe w Automatyce i Elektrotechnice (Computer-aided Methods and Systems in Automatics and Electronics)' (MSKAE'2003), 16–17 September, Częstochowa – Poraj, pp. 40–43 (in Polish).

Bayazitoğlu Y. and Özişik M.N. (1988) *Elements of heat transfer*, McGraw-Hill, New York.

Bernhard F.(ed.) (2003) *Technische Temperaturmessung – physikalische und meβtechnische Grundlagen, Sensoren und Meβverfahren, Meβfehler und Kalibrierung*, Springer-Verlag, Berlin.

Bielecki Z. and Rogalski A. (2001) *Detection of optical signals*, WNT, Warsaw (in Polish).

Breiter R., Cabanski W., Koch R., Mauk K.-H., Rode W., Ziegler J., Eberhardt K., Oelmaier R., Walther M. and Schneider H. (2000) 'Large format focal plane array IR detection modules and digital signal processing technologies at AIM', Proceedings of 6th Conference on Infrared Sensors & Systems (IRS^2 2000), ed. G. Gerlach, 9–11 May, Erfurt, pp. 25–30.

Breiter R., Cabanski W., Koch R., Mauk K.-H., Rode W., Ziegler J., Walther M., Schneider H. and Oelmaier R. (2002) '3rd generation focal plane array IR detection modules at AIM', Proceedings of 7th International Conference on Infrared Sensors & Systems (IRS^2 2002), ed. G. Gerlach, 14–16 May, Erfurt, pp. 19–26.

Chrzanowski K. (2000) *Non-contact thermometry – measurement errors*, SPIE, Vol. 7, Polish Chapter, Warsaw.
CIPM (1981) 'BIPM Proceedings - Verb. Com. Int. Poids et Mesures 49' (in French).
CIPM (1986) 'BIPM Proceedings - Verb. Com. Int. Poids et Mesures 54' (in French).
Cox M.G., Dainton M.P. and Harris P.M. (2001) 'Best Practice Guide No. 6. Uncertainty and statistical modelling', Technical Report, National Physical Laboratory, Teddington, UK.
Danjoux R. (2001) 'The evolution in spatial resolution', *InfraMation Magazine – itc-i*, Vol. 2, No. 12, pp. 1–3.
De Mey G. (1989) 'Thermographic measurements of hybrid circuits', Proceedings of 7th European Hybrid Microelectronics Conference, Hamburg, pp. 1–7.
De Mey G. and Wiecek B. (1998) 'Application of thermography for microelectronic design and modelling', Proceedings of Quantitative InfraRed Thermography (QIRT'98), ed. D. Balageas et al., 7–10 September, Łódź, pp. 23–27.
DeWitt D.P. (1983) 'Inferring temperature from optical radiation measurements', *Proceedings of the SPIE*, Vol. 446, pp. 226–233.
Dudzik S. (2000) 'A measurement system for digital processing of thermal images', Master's thesis, Częstochowa University of Technology (in Polish).
Dudzik S. (2003) 'TermoLab – a digital system for thermal images processing with universal matrix interface', Proceedings of XXXV Intercollegiate Conference of Metrologists (MKM'03), 8–11 September, Kraków, pp. 95–98 (in Polish).
Dudzik S. (2005) 'Analysis of influence of correlation coefficient between measurement model input variables on uncertainty of temperature determination with an infrared camera', Proceedings of XXXVII Intercollegiate Conference of Metrologists (MKM'05), 5–7 September, Zielona Góra, pp. 195–203 (in Polish).
Dudzik S. (2007) 'Evaluation of central heating radiators power using computer-aided thermography and tuned heat transfer models', Doctoral thesis, Institute of Electronics and Control Systems, Częstochowa (in Polish).
Dudzik S. (2008) 'Calculation of the heat power consumption in the heat exchanger using artificial neural network', Proceedings of 9th Conference on Quantitative Infrared Thermography (QIRT'2008), 2–5 July, Kraków, pp. 55–60.
Dudzik S. and Minkina W. (2002) 'Thermovision measurements as a source of data for calculation of radiators heat power using a convective-radiation heat transfer model', Proceedings of V National Conference 'Termografia i Termometria w Podczerwieni (Thermography and Thermometry in Infrared)' (TTP'2002), ed. B. Wiecek,14–16 November, Ustroń-Jaszowiec, pp. 181–186 (in Polish).
Dudzik S. and Minkina W. (2007) 'Assessment of influence of input variables correlation of a thermovision measurement model on temperature evaluation accuracy for low emissivity objects', *Measurement, Automation and Monitoring*, Vol. 57, No. 2, pp. 29–32 (in Polish).
Dudzik S. and Minkina W. (2008a) 'The application of artificial neural network for calculation of heat power consumption, using infrared system', Proceedings of 10th International Conference of Infrared Sensors & Systems (IRS^2 2008)', ed. G. Gerlach, 6–7 May, Nürnberg, pp. 317–321.
Dudzik S. and Minkina W. (2008b) 'Application of the numerical method for the propagation of distributions to the calculation of coverage intervals in the thermovision measurements', Proceedings of 9th Conference on Quantitative Infrared Thermography (QIRT'2008), 2–5 July, Kraków, pp. 179–184.
Fuller, W.A. (1987) *Measurement error models*, John Wiley & Sons, Inc., New York.
Gajda J. and Szyper M. (1998) *Modeling and simulation investigation of measurement systems*, Jartek Publisher, Kraków (in Polish).
Gaussorgues, G. (1994) *Infrared thermography* (Microwave Technology Series 5), Chapman & Hall, London.
Gerashenko O.A., Gordow A.N., Eremina A.K., Lakh W.I., Lucyk Y.T., Pucylo W.I., Stadnyk B.I. and Yaryshew N.A. (1989) *Tiempieratiurne izmierienia – sprawoenyk*, Naukova Dumka, Kiev.
Glückert U. (1992) *Erfassung und Messung von Wärmestrahlung*, Franzis-Verlag, München.
Guide (1995) 'Guide to the Expression of Uncertainty in Measurement', International Organization for Standarization (ISO), Geneva (CH) - Corrected and reprinted/TAG.
Guide (2004) 'Guide to the Expression of Uncertainty in Measurement. Supplement 1. Numerical Methods for the Propagation of Distributions', Document of International Bureau of Weights and Measures.
Hamrelius T. (1991) 'Accurate temperature measurement in thermography. An overview of relevant features, parameters and definitions', *Proceedings of the SPIE*, Vol. 1467, pp. 448–457.
Hartmann J., Gutschwager B., Fischer J. and Hollandt J. (2002) 'Calibration of thermal cameras for temperature measurements using black body radiation in the temperature range –60°C up to 3000°C', Proceedings of 7th International Conference on Infrared Sensors & Systems (IRS^2 2002), ed. G. Gerlach,14–16 May, Erfurt, pp. 119–124.

Herschel J.F.W. (1830) *Preliminary discourse on the study of natural philosophy*, Longman Rees. Grme, Brown. & Green, London (Polish edition: *Wstęp do badań przyrodniczych*, PWN, Warszawa, 1955).
Herschel W. (1800a) 'Investigation of the powers of the prismatic colours to heat and illuminate objects; with remarks, that prove the different refrangibility of radiant heat. To which is added, an inquiry into the method of viewing the sun advantageously, with telescopes of large apertures and high magnifying powers', *Philosophical Transactions of the Royal Society of London*, Vol. 90, part II, pp. 255–283.
Herschel W. (1800b) 'Experiments on the refrangibility of the invisible rays of the sun', *Philosophical Transactions of the Royal Society of London*, Vol. 90, part II, pp. 284–292.
Herschel W. (1800c) 'Experiments on the solar, and on the terrestrial rays that occasion heat; with a comparative view of the laws to which light and heat, or rather the rays which occasion them, are subject, in order to determine whether they are the same, or different – part I', *Philosophical Transactions of the Royal Society of London*, Vol. 90, part II, pp. 293–326.
Herschel W. (1800d) 'Experiments on the solar, and on the terrestrial rays that occasion heat; with a comparative view of the laws to which light and heat, or rather the rays which occasion them, are subject, in order to determine whether they are the same, or different – part II', *Philosophical Transactions of the Royal Society of London*, Vol. 90, part III, pp. 437–538.
Hudson R.D. (1969) *Infrared systems engineering*, John Wiley & Sons, Inc., New York.
Hutton, D.V. (2003) *Fundamentals of finite element analysis*, McGraw-Hill, New York.
IR-Book (2000) *FLIR Training Proceedings, Level II*, Infrared Training Center – International.
Janna W.S. (2000) *Engineering heat transfer*, CRS Press, Washington, DC.
Kaplan H. (2000) 'Infrared spectral bands – the importance of color in the infrared', Proceedings of InfraMation Conference, Vol. 1, ed. G. Orlove, 24–27 September, Orlando, FL.
Kreith F. (2000) *The CRC handbook of thermal engineering*, CRC Press, Boca Raton, FL.
Lieneweg F. (ed.) (1976) *Handbuch der technischen Temperaturmessung*, Friedr. Vieweg & Sohn, Braunschweig.
Linhart J. and Linhart S. (2002) 'Temperature measurements in the glass melt', *Glass Technology*, Vol. 43, No. 5 (October), pp. 1–5.
Machin G. and Chu B. (2000) 'High quality blackbody sources for infrared thermometry and thermography between $-40°C$ and $1000°C$', *Imaging Science*, Vol. 48, pp. 15–22.
Machin G., Simpson R. and Broussely M. (2008) 'Calibration and validation of thermal imagers', Proceedings of Quantitative InfraRed Thermography (QIRT'2008), ed. B. Wiecek, 2–5 July, Krakow, pp. 555–562.
Madding R.P. (1999) 'Emissivity measurement and temperature correction accuracy considerations', *Proceedings of the SPIE*, Vol. 3700, pp. 393–401.
Madding R.P. (2000) 'Common misconceptions in infrared thermography condition based maintenance applications', Proceedings of InfraMation Conference, Vol. 1, ed. G. Orlove, 24–27 September, Orlando, FL.
Madura H. et al. (2001) 'Two-color pyrometer for non-contact temperature measurements with increased data acquisition rate', Report from research project KBN 8T10C 045 99C/4611 (in Polish).
Madura H. et al. (2004) *Thermovision measurements in practice*, PAK Publishers Agenda, Warsaw (in Polish).
Maldague X.P. (2001) *Theory and practice of infrared technology for nondestructive testing*, Wiley Interscience, New York.
Marshall S.J. (1981) 'We need to know more about infrared emissivity', *Proceedings of the SPIE*, Vol. 0313, pp. 119–127.
MATLAB (2005a) *MATLAB R13 User's Guide*, The MathWorks Inc., Natick, MA.
MATLAB (2005b) 'Simulation dependent random variables using copulas', *MATLAB 7.0.4*, The MathWorks Inc., Natick, MA.
McGee T.D. (1998) *Principles and methods of temperature measurement*, John Wiley & Sons, Inc., New York.
Michalski L., Eckersdorf K. and McGhee J. (1991) *Temperature measurement*, John Wiley & Sons, Ltd, Chichester.
Michalski L., Eckersdorf K. and Kucharski J. (1998) *Thermometry – methods and instruments*, Łódź University of Technology Publishers, Łódź (in Polish).
Minkina W. (1992) 'Non-linear models of temperature sensor dynamics', *Sensors & Actuators A: Physical*, Vol. 30, No. 3, pp. 209–214.
Minkina W. (1994) 'Space discretization in solving chosen problems of unsteady heat conductivity by means of electric modeling', *Experimental Technique of Physics (ETP)*, Vol. 40, No. 2, pp. 283–302.
Minkina W. (1995) 'On some singularities in space discretization while solving the problems of unsteady heat conduction', *Experimental Technique of Physics (ETP)*, Vol. 41, No. 1, pp. 37–54.

Minkina W. (1999) 'Theoretical and experimental identification of the temperature sensor unit step response non-linearity during air temperature measurement', *Sensors & Actuators A: Physical*, Vol. 78, No. 2–3, pp. 81–87.

Minkina W. (2001) 'Fundamentals of thermovision measurements, part III – metrological problems, interpretation of results', *Measurement, Automation and Monitoring*, Vol. 47, No. 11, pp. 5–8 (in Polish).

Minkina W. (2003) 'Thermometry – fundamental problems of thermovision measurements', Proceedings of XXXV Międzyuczelnianej Konferencji Metrologów (Intercollegiate Conference of Metrologists)' (MKM'2003), 8–11 September, Kraków, pp. 77–86 (in Polish).

Minkina W. (2004) *Thermovision measurements – methods and instruments*, Publishing Office of Częstochowa University of Technology, Częstochowa (in Polish).

Minkina W. and Bąbka R. (2002) 'Influence of components of the error of method on error of temperature indication on the basis of the ThermaCAM PM595 infrared camera measurement model', Proceedings of V National Conference 'Termografia i Termometria w Podczerwieni (Thermography and Thermometry in Infrared)' (TTP'2002), ed. B. Wiecek, 14–16 November, Ustroń-Jaszowiec, pp. 339–344 (in Polish).

Minkina W. and Chudzik S. (2003) 'Determination of thermal parameters of heat-insulating materials using artificial neural networks', *Quarterly: Metrology and Measurement Systems*, Vol. X, No. 1, pp. 33–49.

Minkina W. and Dudzik S. (2005) 'Simulation analysis of uncertainty of processing algorithm of the ThermaCAM PM 595 infrared camera measurement path', Proceedings of III Symposium 'Metrologiczne Właściwości Programowanych Przetworników Pomiarowych (Metrological Properties of Programmable Measuring Transducers)' (MWPPP'2004), 22–23 November, Gliwice, pp. 173–185 (in Polish).

Minkina W. and Dudzik S. (2006a) 'Simulation analysis of uncertainty of infrared camera measurement and processing path', *Measurement*, Vol. 39, No. 8, pp. 758–763.

Minkina W. and Dudzik S. (2006b) 'Simulation analysis of sensitivity of thermovision temperature measurement model', *Measurement, Automation and Monitoring*, Vol. 52, No. 9, pp. 56–59 (in Polish).

Minkina W. and Gryś S. (2002) 'Application of adaptive signal processing in error compensation of transient temperature measurements', *Quarterly: Metrology and Measurement Systems*, Vol. IX, No. 2, pp. 123–137.

Minkina W. and Gryś S. (2005) 'Dynamics of contact thermometric sensors with electric output and methods of its improvement', *Quarterly: Metrology and Measurement Systems*, Vol. XII, No. 4, pp. 371–391.

Minkina W. and Wild. W. (2004) 'Selected metrological problems in thermovision measurements', International Conference on Technical and Economic Aspects of Modern Technology Transfer in Context of Integration with European Union (TEAMT'2004), 25–27 November, Złoty Potok, near Częstochowa, pp. 363–371.

Minkina W., Rutkowski P. and Wild W. (2000) 'Fundamentals of thermovision measurements part I – the essence and history of thermovision, part II – contemporary designs of thermovision systems, errors of method', *Measurement, Automation and Monitoring*, Vol. 46, No. 1, pp. 7–14 (in Polish).

Minkina W., Bąbka R. and Wild W. (2001) 'Assessment of application of the meansquare measure for thermal object edge detection in the thermovision images', *Measurement, Automation and Monitoring*, Vol. 47, No. 11, pp. 9–12 (in Polish).

Minkina W., Dudzik S. and Wild W. (2002) 'TermoLab – a digital system for thermal images, processing with universal matrix interface', *Measurement, Automation and Monitoring*, Vol. 48, No. 4, pp. 9–10 (in Polish).

Minkina W., Dudzik S., Bąbka R. and Wild W. (2003) 'TermoLab – a system of analysis and visualization of thermal images recorded with ThermaCAM PM 575/595 infrared cameras', *Informatyka Teoretyczna i Stosowana (Theoretical and Applied Informatics)*, Vol. 3, No. 4, pp. 99–114 (in Polish).

Nelles O. (2001) *Nonlinear system identification. From classical approaches to neural networks and fuzzy models*, Springer-Verlag, Heidelberg.

Nowakowski A. (2001) *Advances in thermography – medical applications*, Gdańskie Publisher, Gdańsk (in Polish).

Orlove G.L. (1982) 'Practical thermal measurement techniques', *Proceedings of the SPIE*, Vol. 371, pp. 72–81.

Orzechowski T. (2002) 'Techniques of thermovision measurements in machine diagnostic', *Measurement, Automation and Monitoring*, Vol. 48, No. 4, pp. 18–20 (in Polish).

Özisik M.N. (1973) *Radiative transfer and interactions with conduction and convection*, John Wiley & Sons, Inc., New York.

Özisik N. (1994) *Finite difference methods in heat transfer*, CRC Press, Boca Raton, FL.

Pręgowski P. (2001) 'Spectral analysis of radiant signals in processes of tele-thermodetection', *Proceedings of the SPIE*, Vol. 4360, pp. 1–12.

Pręgowski P. and Świderski W. (1996) 'Experimental determination of the atmosphere – based on thermographic measurements', Proceedings of 50 Eurotherm Seminar, Quantitative Infrared Thermography (QIRT 1996), ed. D. Balageas *et al.*, Stuttgart (RFN), pp. 363–367.

Quinn T.J. (1983) *Temperature*, Academic Press, London.

QWIP Seminar (2000) Proceedings of Seminar on QWIP Detector, 7 June, Santahamina Island, Finland.

Ricolfi T. and Barber R. (1990) 'Radiation thermometers', in *Sensors – a comprehensive survey* (4 vols), ed. W. Göpel *et al.*, Vol. 4, *Thermal sensors*, ed. T. Ricolfi and J. Scholz, VCH, Weinheim, New York.

Rogalski A. (2000) *Infrared detectors*, Gordon and Breach, Amsterdam.

Rogalski A. (2003) 'Quantum well photoconductors in infrared detector technology', *Journal of Applied Physics*, Vol. 93, No. 8, pp. 4355–4391.

Rudowski G. (1978) *Thermovision and its application*, Wkit Publishers, Warsaw (in Polish).

Sala A. (1993) *Radiative heat transfer*, PWN, Warsaw (in Polish).

Satterthwaite F.E. (1941) 'Synthesis of variance', *Psychometrika*, No. 6, pp. 309–316.

Saunders P. (1999) 'Reflection errors in industrial radiation thermometry', Proceedings of 7th International Symposium on Temperature and Thermal Measurements in Industry and Science (TEMPMEKO'1999 TC 12), ed. J.F. Dubbeldam and M.J. de Groot, 1–3 June, Delft, pp. 631–636.

Schael U. and Rothe H. (2002) 'Einsatz eines augensicheren, laserbasierten Meßsystems mit 1574nm Wellenlänge zur Objektdetektion im km-Bereich', *Technisches Messen*, Vol. 69, No. 9, pp. 381–389.

Schuster N. and Kolobrodov V. (2000) *Infrarotthermographie*, Wiley-VCH, Berlin.

Siegel R. and Howell J.R. (1992) *Thermal radiation heat transfer*, 3rd edition, Taylor & Francis, New York.

Skubis T. (2003) *Elaboration of measurements' results – examples*, Politechnika Śląska Publisher, Gliwice (in Polish).

Söderström T. and Stoica P. (1994) *System identification*, Prentice Hall International, Harlow.

Stahl K. and Miosga G. (1986) *Infrarottechnik*, Hüthig-Verlag, Heidelberg.

Taylor J.R. (1997) *An introduction to error analysis. The study of uncertainties in physical measurements*, 2nd edition, University Science Books, Sausalito, CA.

Tissot J.L., Bertrand F., Vilain M. and Yon J.J. (1999) 'Uncooled infrared focal plane arrays – technical trends and LETI/LIR microbolometer development', Proceedings of 5th AITA International Workshop on Advanced Infrared Technology and Applications, ed. E. Grinzato *et al.*, 29–30 September, Venice, pp. 57–63.

TOOLKIT IC2 Dig. 16 'Developers Guide 1.00', AGEMA 550/570. (Reserved materials of FLIR Company, made available to the authors.)

Touloukian Y.S. and DeWitt D.P. (1970) *Thermophysical properties of matter: thermal radiative properties – metallic elements and alloys*, Vol. 7, IFI/Plenum Data Corporation, New York and Washington, DC.

Touloukian Y.S. and DeWitt D.P. (1972) *Thermophysical properties of matter: thermal radiative properties – nonmetallic solids*, Vol. 8, IFI/Plenum Data Corporation, New York and Washington, DC.

Touloukian Y.S., DeWitt D.P. and Hernicz R.S. (1972) *Thermophysical properties of matter: Thermal radiative properties – coatings*, Vol. 9, IFI/Plenum Data Corporation, New York and Washington, DC.

VIM (1993) *International vocabulary of basic and general terms in metrology*, 2nd edition, International Organization for Standardization, Geneva.

Wallin B. (1994) 'Temperature measurement on and inside lamps', *Proceedings of the SPIE*, Vol. 2245, pp. 241–251.

Walther L. and Gerber D. (1983) *Infrarotmeßtechnik*, Verlag Technik, Berlin.

Wark K. Jr (1988) *Thermodynamics*, McGraw-Hill, New York.

Welch, B.L. (1936) 'The specification of rules for rejecting too variable a product, with particular reference to an electric lamp problem', *Journal of the Royal Statistical Society*, Suppl. 3, pp. 29–48.

Wiecek B. (1999) 'Heat transfer modelling and IR measurements of electronic devices in enclosures', Proceedings of 5th AITA International Workshop on Advanced Infrared Technology and Applications, ed. E. Grinzato *et al.*, 29–30 September, Venice, pp. 272–278.

Wiecek B., De Baetselier E. and De Mey G. (1998) 'Active thermography application for solder thickness measurement in surface mounted device technology', *Microelectronics Journal*, Vol. 29, pp. 223–228.

Wolfe W.L. and Zissis G.J. (1978) *The infrared handbook*, Office of Naval Research, Washington, DC.

文中引用的标准

ASTM E 1213 Minimum resolvable temperature difference (MRTD)
ASTM E 1311 Minimum detectable temperature difference (MDTD)

ASTM E 1316 Section J. Terms
ISO 31/VI Quantities and units of light and related electromagnetic radiations

文中引用的网址

FLIR SYSTEMS AB: www.flir.com, www.flir.com.pl, www.infraredtraining.com
Główny Urząd Miar – Poland: www.gum.gov.pl
Raytheon Infrared: www.raytheon.com
VIGO System SA: www.vigo.com.pl

制造商网址

InfraTec: http://www.infratec.de
IRCAM: http://www.ircam.de, http://www.ircam.de/startseite/startseite_d.php
IRTech: http://www.irtech.com.pl
LAND Infrared: www.landinst.com
Raytek Corporation: www.raytek.com
ThermoSensorik: www.thermosensorik.de